세상을 뒤바꿀 새로운 양자 혁명

쥘리앙 보브로프 지음 | 오세안 쥐뱅 그림 | 조선혜 옮김 | 조명래 감수

© Flammarion, Paris, 2022.
Bienvenue dans la nouvelle révolution quantique
Julien Bobroff (Auteur), Océane Juvin (Illustrations)
Korean translation Copyright © 2025 Book's Hill Publishing
Arranged through Icarias Agency, Seoul

이 책의 한국어판 저작권은 Icarias Agency를 통해 Flammarion과 독점 계약한
도서출판 북스힐에 있습니다.
저작권법에 의하여 한국 내에서 보호를 받는 저작물이므로 무단전재와 복제를 금합니다.

세상을 뒤바꿀 새로운 양자 혁명
Quantum Revolution

초판 1쇄 인쇄 2025년 5월 10일
초판 1쇄 발행 2025년 5월 15일

지은이 쥘리앙 보브로프
그 림 오세안 쥐뱅
옮긴이 조선혜
감 수 조명래
펴낸이 조승식
펴낸곳 도서출판 북스힐
등록 1998년 7월 28일 제22-457호
주소 서울시 강북구 한천로 153길 17
전화 02-994-0071
팩스 02-994-0073
인스타그램 @bookshill_official
블로그 blog.naver.com/booksgogo
이메일 bookshill@bookshill.com

ISBN 979-11-5971-542-6
정가 18,000원

* 잘못된 책은 구입하신 서점에서 교환해 드립니다.

"내게 있어 양자 컴퓨터의 가장 중요한 응용은,
그것이 불가능하다고 말한 사람들에게
그들이 틀렸다는 것을 증명하는 것입니다.
나머지는 케이크 위의 체리처럼 부차적인 것입니다."

양자 컴퓨팅 과학자
스콧 애론슨 Scott Aaronson

차례

프롤로그
두 번째 혁명?

7

1
원자를 보다

11

2
지금 몇 시죠?

23

3
에트나 화산 꼭대기의 원자

39

4
다이아몬드는 영원하다

55

5
양자 컴퓨터를 그려보세요

71

6
보편적인 기계

85

7
양자 우월성

97

8
양자 음악 악보

115

9
양자 스파이

131

10
버그들
141

11
빛이 있으라!
157

12
아웃사이더들
167

13
원자로 조각한 모나리자
181

14
게임이 아닌 진짜 시뮬레이터
195

15
얽힘, 새로운 경계
209

16
양자 인터넷
227

에필로그
주요 질문들
245

감사의 말	259
주석	261
참고문헌	274
찾아보기	283

프롤로그
두 번째 혁명?

"양자 컴퓨팅이 기후 변화에 대한 가장 혁신적인 해결책 중 하나를 제공할 수 있습니다."

이는 2019년 세계경제포럼에서 발표된 기사의 제목입니다. 이 기사를 쓴 카리스마 넘치는 스타트업 싸이퀀텀PsiQuantum의 CEO는 양자 컴퓨터가 기후위기를 해결할 수 있으며, 그것도 10년 안에 가능하다고 주장합니다. 이 특이한 기계는 우리 행성의 온난화를 야기하는 CO_2를 포집하기 위한 새로운 분자를 발명할 수 있다고 합니다.

확실히 너무 낙관적이긴 하지만 이 발표가 유일한 것은 아닙니다. 최근 양자역학이 뉴스의 헤드라인을 장식하고 있습니다. 정치인, 투자자, 미디어 모두 양자 알고리즘에 열광하고 있습니다. 구글, 아마존, 마이크로소프트, IBM과 같은 상징적인 기업들은 최첨단 연구소에 수억 달러를 투자하고 있습니다. 그들은 이 분야의 최고 과학자들을 스카우트하고 있죠. 정부들도 뒤처지지 않습니다. 중국, 미국, 프랑스 등 각국은 자국의 거대한 '양자 계획'을 발표하고 있습니다. 이 모든 주체들이 큰 소리로 외칩니다. 새로운 양자 혁명이 시작되었다고요!

하지만 잘 생각해 보면 양자 물리학은 이미 100년 전에 탄생했습니다. 이 기념비적인 과학의 진보 덕분에 우리는 마침내 물질과 빛이 미시 세계에서 어떻게 구성되는지 이해하게 되었습니다. 이 분야는 자연스럽게 트랜지스터, 레이저, LED와 같은 획기적이고 일상을 몰라보게 바꾼 기술들의 발명으로 이어졌습니다. 우리는 현대의 모든 전자 기기를 양자 물리학에 빚지고 있습니다. 그것이 바로 진정한 양자 혁명이었죠. 그리고 그 혁명은 50년 전에 이미 일어났습니다.

그렇다면 지금 우리가 말하는 혁명은 도대체 무엇일까요? 이를 이해하기 위해 이 분야에서 가장 존경받는 과학자 중 한 사람인 존 프레스킬John Preskill의 말을 들어봅시다.

"우리는 지금 물리학의 새로운 경계를 탐험하는 여정의 시작점에 서 있다고 생각합니다. 인류 역사상 처음으로 우리는 매우 복잡하고 높은 수준으로 얽힌 양자 상태를 구축하고 정밀하게 제어할 수 있는 도구를 마스터하기 시작했습니다."[1]

오랜 시행착오 끝에 물리학자들은 원자와 광자를 '하나씩' 제어할 수 있게 되었습니다. 그들은 이 입자들을 찾아내고 자유자재로 조작할 뿐만 아니라 '얽힘' 상태로 만들 수도 있습니다. 얽힘이란 무엇일까요? 이는 여러 입자의 운명을 서로 연결시키는 기묘한 속성으로, 입자 간 거리와는 무관합니다. 이를 잘 활용하면 새로운 계산, 측정, 심지어 통신 방식이 가능해집니다. 따라서 개별 입자의 조작과 얽힘이 이 두 번째 혁명을 예감하게 하는 것입니다. 이 혁명은 아마도 첫 번째 혁명만큼이나 중요할 것입니다. 모든 분야가 혜택을 받을 수 있습니다. 컴퓨터 과학, 화학, 환경, 생물학, 금융, 항공우주, 암호학, 빅데이터, 인공지능 등 그 목록은 끝이 없습니다. 물리학자, 컴퓨터 과학자, 엔지니어들이 이 새로운 가능성을 활용하기 위해 힘을 합치는 것은 전혀 놀라운 일이 아닙니다.

2021년 프랑스의 야심찬 양자 계획에 앞서 나온 국회의원 폴라 포르테자Paula Forteza의 최근 보고서는 이 주제의 전략적 중요성을 강조합니다. 그 이유는 이 혁명으로 인해 산업의 여러 분야가 잠재적으로 뒤흔들릴 수 있기 때문입니다. 생각해 보세요. 양자 컴퓨터는 새로운 약물 발명을 돕고, 놀라운 성질을 가진 물질을 설계하며, 심지어 CO_2를 포집하는 방법을 찾아내 기후 변화와 싸우는 데 도움을 줄 수 있습니다. 양자 얽힘은 새로운 유형의 인터넷으로 이어질 수 있고, 영상 분야에서는 벽 너머의 어두운 곳에서도 3D 사진을 찍을 수 있게 할 수 있습니다. 상상만으로도 가슴이 뛰지 않나요?

이 책에서 우리는 함께 이러한 미래 기술을 탐험할 것입니다. 저는 여러분에게 양자 이론을 가르치지는 않을 것입니다. 여러분은 슈뢰딩거 방정식을 푸는 법을 배우지도 않을 것입니다. 그런 내용을 다루는 훌륭한 책들이 이미 나와 있습니다. 대신 저는 여러분을 빠르게 혁신 중인 이 분야의 '내부'로 모시고 싶습니다. 우리는 함께 연구소의 문을 열고, 제 질문에 서슴없이 답해준 전문가들을 만날 것입니다. 우리는 원자 자체에 가장 가까이 다가가기 위해 환상적인 기계의 내부로 잠수할 것입니다. 제가 양자 현상을 마치 여러분의 눈앞에서 펼쳐지는 것처럼 설명해 드리겠습니다. 가장 최신의, 가장 흥미롭고, 가장 예상치 못한 발견들, 이미 사용되고 있는 것들, 어쩌면 빛을 보지 못할 것들, 그리고 무엇보다 제 생각에 내일 우리의 일상을 진정으로 바꿔놓을 발견들에 대해 들려 드리겠습니다.

앞으로 보시겠지만, 혁명은 반드시 우리가 기대하는 곳에서 일어나지는 않을 것입니다.

원자를 보다

어떻게 단일 원자를 길들이는지
발견하는 장

1

이야기는 1970년대 말로 거슬러 올라갑니다. 두 연구 팀이 당시 원자 물리학의 최고봉들을 결집시키는데, 한 팀은 독일에, 다른 한 팀은 미국에 있으며, 각 팀은 최대 10명의 물리학자들로 구성된, 모두 자신의 분야에서 최고의 실력자들입니다. 이들이 바로 원자 사냥꾼들입니다.

독일에서는 페터 토셰크Peter Toschek가 작전을 지휘합니다. 50세에 가까운 그는 자신의 박사 논문 지도교수이자 훗날 노벨상을 수상한 볼프강 파울Wolfgang Paul의 후계자로, 원자 분출을 길들이는 일에 매진하고 있었습니다.

미국에서는 한스 데멜트Hans Dehmelt가 진두지휘합니다. 그 역시 독일의 명문 학교 출신으로, 이민 후 워싱턴 대학에서 자리를 잡은 그는 단일 전자를 포획하는 전대미문의 업적으로 자신의 능력을 증명했습니다. 이는 세계 최초의 일이었죠. 이후 데이비드 와인랜드David Wineland라는 뛰어난 박사후 연구원이 그와 합류했습니다.

두 진영 모두 당시의 최대 도전 과제인 원자 포획에 나설 준비가 되어 있었습니다. 독일과 미국의 대결이 시작됩니다!

포착 불가능한 것을 포획하다

원자는 매우 은밀한 존재입니다. 크기는 겨우 0.1~0.2나노미터로, 여러분이 손에 들고 있는 책보다 10억 배나 작습니다. 광학 현미경으로는 원자를 찾을 가능성이 전혀 없습니다. 여러분이 10억 배 확대할 수 있는 마법의 돋보기를 가지고 있다 해도 소용없습니다. 원자가 너무 빨리 움직이거든요. 일상 온도에서 공기 중의 어떤 원자라도 정신 나간 개처럼 정신없이 움직입니다. 초속 300미터, 즉 시속 1,000킬로미터의 속도로요!

자기 이름을 딴 고양이 사고실험과 양자역학의 기본 방정식으로 유명한 이 분야의 선구자 중 한 사람인 에르빈 슈뢰딩거Erwin Schrödinger는 다음과 같이 경고했습니다.

"우리는 단일 전자나 원자에 대해 측정을 하지 않습니다. 때때로 사고실험에서 우리가 그렇게 한다고 가정하지만, 그럴 때마다 터무니없는 결과에 도달합니다."

오스트리아 출신의 이 노벨상 수상자에게 단일 원자를 조작한다는 것은 상상할 수 없는 일이었습니다.

하지만 연구자들의 오래된 습성이란 늘 그렇습니다. 누군가가 당신에게 '그건 불가능하다'고 말하는 순간, 실험에 대한 의욕이 두 배로 커지죠. 그리고 비관론자들이 틀렸음을 증명하고자 하는 열망으로 불타오릅니다. 게다가 이론적으로는 전략이 단순해 보입니다. 원자를 작은 공간에 가두고, 그다음 움직이지 못하게 고정한 뒤, 마지막으로 사진을 찍으면 됩니다. 실제로는 어떻게 할까요?

첫 번째 단계는 아마도 가장 쉬울 것입니다. 전기의 법칙을 이용하는 것이죠. 먼저 원자를 다른 입자들로 폭격해야 합니다. 이렇게 하면 원자의 전자 하나가 떨어져 나가 전기적 중성이 깨집니다. 이제 전기적으로 양의 전하가 음의 전하보다 많아진 원자는 '이온'으로 변신합니다. 이 순간부터 매우 작은 전기장에도 반응하게 됩니다. 안타깝게도 단순한 전기장은 이온을 한 방향으로만 막아주기 때문에 이온은 옆으로 도망갈 수 있습니다.

볼프강 파울이 해법을 찾아냅니다. 그는 바로 토셰크의 박사 논문 지도교수였죠. 원자 물리학계는 끈끈하고 작은 동아리 같아서 원자에 대한 열정이 세대에서 세대로 전수됩니다. 이 물리학자는 1953년에 완벽한 포획 장치를 발명하는데, 당연하게도 '파울 트랩Paul Trap'이라고 불립니다.

이 장치는 2개의 금속 마개 사이에 위치한 단순한 금속 고리입니다. 중요한 비법은 이 구조물에 교류 전류를 보내는 것입니다. 양의 전하와 음의 전하가 번갈아 흐르죠. 이 전류들은 끊임없이 변하는 전기장을 만듭니다. 때로는 왼쪽으로, 때로는 오른쪽으로요. 이 장치의 중심에 놓인 이온은 모든 방향에서 진동하는 힘을 받아 도망칠 수 없게 됩니다. 완전히 정지한 것은 아니지만, 적어도 이 무시무시한 트랩에서 빠져나갈 수는 없습니다. 바로 이렇게 이온을 포획해 냅니다!¹

샤모아가 뛰어다니듯

두 번째 단계는 지금 완전히 놀라 날뛰는 듯이 보이는 이 '짐승'을 움직이지 못하게 하는 것입니다. 동물 다큐멘터리 제작자들이 잘 알듯이, 만약 눈표범처럼 희귀하고 도망치기 잘하는 종을 관찰하려면 그 동물의 서식지, 먹이 습성, 인간의 냄새에 대한 반응 등을 알아야 합니다. 물리학자들도 같은 전략을 씁니다. 원자를 길들이기 위해 그들은 먼저 원자의 습성과 그것을 지배하는 법칙을 이해해야 합니다.

우리가 알고 있는 사실부터 시작해 봅시다. 원자는 핵과 전자로 구성되어 있죠. 중앙에 있는 핵은 기껏해야 미터의 10억분의 1의 100만분의 1 크기입니다(역자주: 1펨토미터fm). 전체 규모에서 보면 그냥 한 점에 불과하죠. 그런데도 핵은 거의 모든 질량을 혼자 차지합니다. 핵 주위로는 초경량의 전자들이 돕니다. 주의하세요, 전자들을 태양 주위를 도는 행성처럼 상상하지 마세요. 우리가 때때로 그렇게 그리긴 하지만요! 각 전자는 오히려 오비탈, 파동함수 등 다양한 이름을 가진 일종의 흐릿한 구름을 형성합니다. 이에 대해서는 나중에 더 자세히 다루겠습니다. 지금은 모든 전자가 서로 겹쳐진 구름처럼 행동한다는 것만 받아들이세요.

이제 이 입자들의 아마도 가장 중요한 특성, 앞으로의 장들 대부분의 핵심이 될 특성을 소개할 때입니다. 바로 '양자화'입니다. 원자 내 각 전자의 에너지는 양자화되어 있습니다. 이는 전자가 특정한, 정확한 값의 에너지만을 가질 수 있다는 뜻입니다. 이를 피할 방법이 없죠.

이 흥미로운 현상을 실감하기 위해 전자가 사다리를 올라가야 한다고 상상해 보세요. 전자는 자연스럽게 가장 낮은 디딤대에 위치합니다. 이는 기저 상태로, 전자에게 가장 편안한 상황에 해당합니다. 하지만 전자를 조금만 자극하거나, 빛을 비추거나, 가열하면 전자는 그 위의 디딤대 중 하나로 올라갑니다. 그런데 이 상승은 갑자기 일어납니다. 전자가 뛰는 것을 볼 새도 없이 벌써 도착해 있죠. 물리학자들은 이를 '양자 도약'이라고 부릅니다. 이 급격한 변화 중에 전자는 마치 한 디딤대에서 다음 디딤대로 순간이동한 것처럼 보입니다. 내려올 때도 마찬가지이지만, 방향만 반대죠. 여기서도 전자는 이 기묘한 안무를 따릅니다. 마치 바위에서 바위로 뛰어오르는 샤모아(chamois, 야생영양)처럼 전자는 디딤대에서 디딤대로 순간이동합니다. 이것이 핵심적인 특성입니다. 왜냐하면 대부분의 양자 기술이 바로 이 도약을 제어하는 기술, 즉 도약을 유발하거나 반대로 막는 기술에 기반을 두고 있기 때문입니다.

현재의 경우 이 에너지 준위의 특성이 연구자들로 하여금 트랩 안에서 원자를 움직이지 못하게 할 것입니다.

레이저로 냉각하기

1975년, 데멜트-와인랜드 듀오는 레이저로 이온을 감속시킨다는 터무니없는 아이디어를 처음 제안합니다.[2] 왜 터무니없냐구요? 보통 레이저는 원자를 가열하고, 흥분시키고, 움직이게 해야 하거든요. 하지만 이 두 미국인에게, 교묘하게 사용된 레이저는 최고의 감속기가 될 수 있었습니다.

물리학자들은 아드레날린이 솟구치는 공상과학 영화에 어울릴 만한 장치를 상상합니다. 여기서 원자는 도망치는 죄수 역할을 합니다. 빠르고, 날렵하며, 보이지 않죠. 경찰들이 그 뒤를 쫓습니다. 원자는 곧 레이저 총을 든 4명의 제복 차림 남자들에게 둘러싸입니다. 숨 가쁜 음악, 어깨에 얹은 카메라, 완전한 몰입감! 원자가 그들을 피할 수 있을까요?

갑자기 4개의 레이저가 뿜어져 나옵니다. 원자는 그 광선들의 포화 속에 갇힙니다. 하지만 빨간 빛 광선들이 그냥 통과해 버리는 것 같습니다. 당연하죠! 원자의 양자 준위에 완벽히 맞춰진 레이저만이 원자에 영향을 줄 수 있는데, 경찰들은 분명 자신의 무기를 제대로 된 색으로 조정하지 않았습니다. 적어도 관객은 그렇게 생각합니다.

그리고 보십시오! 원자가 경찰들을 피해 오른쪽으로 돌진합니다.

그 순간, 마치 누군가가 밀쳐낸 것처럼 강한 충격을 받아 뒤로 물러납니다. 놀란 원자는 왼쪽으로 도망치려 합니다. 쿵! 또 다시 보이지 않는 충격, 갑작스러운 감속! 모든 방향으로 시도해 보지만, 소용없습니다. 꼼짝 못하게 됐어요! "하하!" 한 경찰관이 비웃듯이 외칩니다. "도플러Doppler 냉각을 예상하지 못했지, 그렇지?"

이 장면을 해석해 봅시다. 원자는 오직 하나의 특정 레이저 색에만 반응합니다. 사실 레이저 빛은 그 자체로 양자 입자인 광자로 구성되어 있습니다. 모두 같은 색, 같은 에너지죠. 이 광자 중 하나가 원자를 만나면, 딱 맞는 어떤 색을 가질 때만 효과가 있습니다. 예를 들어 파란색이라고 합시다. 이 경우에만 광자의 에너지가 원자로 하여금 들뜬 상태로 뛰게 합니다. 사다리에서 한 칸 위로 올라가는 거죠. 그래서 영화 초반에 레이저가 빨간색일 때는 아무 일도 일어나지 않습니다. 하지만 원자가 레이저를 향해 움직이기 시작하면 상황이 완전히 달라집니다. 그때부터 원자는 레이저를 빨간색이 아니라 파란색으로 봅니다. 왜 그런지 이해하려면, 빛이 파동처럼 행동한다는 것을 떠올려야 합니다. 규칙적이고 진동하는 파도의 연속이죠. 두 파도 사이의 간격인 '파장'이 색을 결정합니다. 파란색은 조밀한 진동과 짧은 파장에 해당하고, 반면 빨간색은 거의 두 배나 더 넓은 간격의 진동을 나타냅니다. 따라서 원자가 레이저를 향해 갈 때, 연속된 파도를 정면으로 받아 더 빠른 리듬으로 충격을 받습니다. 요약하자면, 원자는 완전히 빨간색인 레이저를 파란색으로 봅니다. 이는 도플러 효과의 한 예시로, 구급차가 우리를 지나쳐 갈 때 소리의 변화로 잘 알고 있는 현상입니다. 구급차가 다가올 때 사이렌의 음 높이는 꽤 높습니다. 멀어져 갈 때 낮아지죠.

이제 원자의 운명은 결정됩니다. 레이저를 향해 전진하면 갑자기 파란색 광자들을 보게 되고, 이는 원자를 한 단계 위로 뛰게 합니다. 동시에 이 광자들이 원자를 뒤로 밀어내죠. 소총을 쏠 때 받는 반동과 같은 단순한 기계적 효과입니다. 어떤 레이저를 만나더라도 시나리오는 똑같습니다.[3] 이렇게 잘 활용된 도플러 효과로 원자를 감속할 수 있습니다. 물리학자에게 이 감속은 냉각과 동의어입니다. 움직임과 온도가 하나이기 때문이죠. 원자를 움직이지 못하게 하는 것, 그것이 바로 원자를 냉각하는 것입니다.

과학에서 아이디어 하나만으로는 동료들을 설득하기 어렵습니다. 그 아이디어를 실행에 옮겨야 하죠. 데멜트와 와인랜드가 실험 단계로 나아가며, 토셰크를 중심으로 한 독일 팀보다 한 발 앞서 나갈 가능성이 높아 보입니다. 하지만 연구자들의 세계에서는 경쟁과 협력이 연구 여정과 경력에 따라 얽히고설키곤 합니다. 역사의 이 중요한 순간에, 젊은 와인랜드는 다른 연구소에서 자리를 얻습니다. 그리고 그의 전 상사인 데멜트는 6개월간 하이델베르크로 가서… 놀랍게도 그의 주요 경쟁자인 토셰크와 함께 일하게 됩니다! 마치 축구 경기 중에 상대 팀 간에 갑자기 선수를 교환하고 재편성하기로 결정한 것 같죠.

링 위의 새로운 상황입니다. 왼쪽에는 '경험 많은 노장들', 즉 6개월간 함께 일하는 데멜트와 토셰크가 있고, 오른쪽에는 새 연구소에서 일하는 젊은 와인랜드가 있습니다. 모두 열심히 일하고 있습니다. 그들은 서로 경쟁 중임을 알고 있죠. 와인랜드는 마그네슘 원자를 포획하기로 선택하고, 토셰크와 데멜트는 바륨을 선택합니다. 1978년 초, 두 팀 모두 마침내 도플러 냉각에 성공합니다. 각 팀은 즉시 자신들의 결과를 권위 있는 학술지 *Physical Review Letters*에 제출합니다. 상대 팀도 성공했다는 것을 모른 채 말이죠. 두 원고는 하루 차이로 편집자에게 도착합니다. 거의 완벽한 동점이죠.

원자는 포획되었고, 이제 움직이지 않게 되었습니다. 남은 건 사진 찍기입니다.

형광색

원자를 시각화하는 가장 효과적인 방법 중 하나는 원자를 빛나게 만드는 것입니다. 이를 가능하게 하는 최고의 도구는 양자물리학이 제공하는 형광 현상입니다. 동물계나 식물계에서 잘 알려진 이 현상은 마치 자발적으로 빛나는 것처럼 보이는 특정 분자에서 기원합니다. 하지만 실제로 이 분자들은 빛을 '변환'할 뿐입니다. 형광 원자가 적절한 색의 빛으로 조명되면 흥분 상태가 되고, 그 전자들이 높은 준위로 뛰어오릅니다. 이러한 사실은 이미 알고 있죠. 그런데 그다음에는 무슨 일이 일어날까요? 보통 전자들은 가능한 한 빨리 초기 상태, 즉 휴식 상태로 돌아가면서 받았던 여분의 에너지를 빛의 형태로 방출합니다. 그들에게 광자 하나를 주면 다른 광자 하나를 돌려줍니다. 딱히 특별할 것 없는 이야기죠.

하지만 만약 원자가 사전에 다른 메커니즘으로 약간의 에너지를 잃었다면, 방출하는 광자는 받았던 광자만큼 에너지가 높지 않습니다. 단순한 수지 타산의 문제죠. 에너지가 다르다는 것은 색이 다르다는 뜻입니다. 원자는 파란색 광자로 조명되었지만, 이제 빨간색 광자를 방출합니다. 원자를 형광화함으로써, 우리는 그것을 작긴 하지만 밝게 빛나는 전구로 변신시킵니다. 사진을 찍기에 완벽한 상황이죠!

드디어 최종 실험을 시도할 수 있습니다. 1979년, 토셰크 팀이 가장 먼저 도전합니다. 연구원들은 바륨 이온 기체로 시작합니다. 바륨은 파란색으로 형광을 내고 쉽게 찾을 수 있어 완벽한 물질입니다. 그들은 이온을 1센티미터도 안 되는 작은 파울 트랩에 넣습니다. 트랩은 감속을 보장하기 위해 잘 조정된 레이저 광선들로 둘러싸여 있습니다. 단순한 현미경이 트랩 내부를 관찰하며, 거기에 카메라가 부착되어 있습니다.

준비되셨나요? 액션! 한 물리학자가 밸브를 천천히 엽니다. 첫 번째 이온이 고속으로 도착합니다. 트랩에 진입하자마자 궤도가 변경되어 제자리에서 빙글빙글 돕니다. 레이저의 영향 아래 이온은 점점 진정되고 도플러 효과에 길들여집니다. 마지막 절차로, 또 하나의 레이저가 이온을 형광화시킵니다. 이온이 현미경 렌즈 아래에서 빛나기 시작합니다. 작은 파란색 얼룩이 뷰파인더에 나타납니다. 찰칵찰칵! 사진이 흑백으로 찍힙니다. 이 사진은 1980년 토셰크와 동료들이 발표한 유명한 논문의 그림 3이 됩니다. 트랩 중앙에 작디작은 빛나는 점이 보입니다. 바륨 이온, 단 하나의 이온입니다. 역설적이게도, 현재 온라인에서 접근 가능한 논문 버전에서는 이 흰 점이 없습니다. 아마도 원본 사진의 스캔 상태가 좋지 않아서겠죠. 이 그림 3에서 바륨이 있던 자리에는 이제 검은색만 남아 있습니다. 원자의 첫 번째 이미지는 인터넷에서 사라졌고, 도서관의 종이 버전에서만 볼 수 있게 되었습니다.

볼프강 파울, 한스 데멜트, 데이비드 와인랜드, 이 세 연구자는 그들의 업적으로 노벨상을 받게 됩니다. 피터 토셰크는 그 영광을 누리지 못합니다. 노벨상 수상 여부는 중요하지 않습니다. 양자 물리학의 진정한 닐 암스트롱(역자주: 최초로 달에 발을 디딘 인물)인 토셰크는 실시간으로 원자를 관찰한 최초의 인물이라고 할 수 있을 것입니다.

양자 기술이라고요?

그 업적이 인상적이긴 하지만, 솔직히 약간 실망스럽기도 합니다. 제가 여러분에게 최첨단 양자 기술, 놀라운 응용 프로그램, 발명품, 혁신을 약속했는데, 지금 우리는 1979년에 기초 물리학 연구실에서 찍힌 이온의 흑백 사진을 보고 감탄하고 있다니! 게다가 이 창백한 사진은 우리에게 양자물리학 기초에 대해 이미 알고 있던 것 이상을 가르쳐 주지 않았습니다.

왜 이 사진에 한 장 전체를, 그것도 책의 첫 장을 할애했을까요? 사실 연구자들이 순수하게 기초적인 문제에만 동기부여 되어 있었다 해도, 그들은 과정 중에 개별 원자를 길들이기 위한 진정한 양자 기술의 무기들을 개발했습니다. 이 완전히 새로운 양자 도구 상자를 갖게 되자, 그들은 자연스럽게 이것으로 다른 무엇을 만들 수 있을지 궁금해했습니다.

이렇게 이 기초 실험들의 연장선상에서 같은 연구소들이 광학 시계, 양자 중력계, 원자 관성 센서를 발명했습니다. 그리고 2000년대 초에 그들은 여전히 파울 트랩에 갇힌 같은 이온들로 양자 컴퓨터를 상상하기 시작했습니다. 20년 후, 이 책을 쓰고 있는 지금, 포획된 이온들은 양자 컴퓨팅의 가장 촉망받는 방법 중 하나가 되었습니다.

이것이 제가 여러분에게 이 은밀한 이온을 쫓는 이야기를 들려주고 싶었던 이유입니다. 이 이야기는 단순히 창의성이 돋보이는 것뿐만 아니라, 무엇보다 새로운 양자 혁명으로 이어질 첫 번째 벽돌입니다. 각 단계에 걸린 시간에 주목해 보세요. 기본 방법을 개발하는 데 20년, 응용 프로그램에 도달하는 데 또 20년이 걸렸습니다. 인내심을 가집시다! 여러분, 혁명은 진행 중입니다. 하지만 시간이 걸리는군요!

지금 몇 시죠?

원자들을 간섭시키면 세계에서
가장 정확한 시계를,
그리고 그 이상을 얻는다.

2

노이샤텔Neuchâtel 천문대의 권위 있는 시간 측정 대회에 이변이 생겼습니다! 1967년, 최초로 '손목 시계' 부문에 퀴츠(수정) 시계들이 참가합니다. 최고의 기계식 모델보다 10배 더 정확한 스위스 '베타' 프로토타입들이 모든 1등상을 휩쓸어 갑니다. 스위스 이외의 유일한 참가자인 일본의 세이코는 경쟁을 시도하지만 겨우 10위에 그칩니다. 그런데 2년 후, 바로 그 세이코가 최초의 상용 퀴츠 시계, 전설의 '아스트론Astron'을 출시합니다. 몇 년 지나지 않아 일본의 퀴츠 시계는 시계 시장의 4분의 3 이상을 점령합니다. 그들의 고급 기계식 시계를 자랑스러워하던 스위스 사람들은 이 기술 혁명을 예상하지 못했습니다. 하지만 그들도 알았어야 했습니다. 시간을 측정하는 기술은 무엇보다 기술과 물리학의 문제라는 것을요!

중세 시대 이래로 모든 시대의 최고 과학자들과 가장 뛰어난 공학자들이 이 정밀도 경쟁에서 맞붙어 왔습니다. 이는 단순한 트로피 사냥이 아닙니다. 경쟁자보다 더 정확하게 시간을 결정하는 것은 해상 항해에서부터 우주 탐사까지 많은 분야에서 결정적인 전략적 이점을 제공합니다. 그리고 오늘날 이 경쟁은 양자 물리학 분야에서 벌어지고 있습니다.

외계인에게 시간 알려주기

시간 측정은 항상 주기적 메커니즘, 즉 가능한 한 가장 규칙적으로 반복되는 어떤 것이라도 관찰하는 데 기반합니다. 옛날 시골집 괘종 시계에서는 긴 나무 추가 매초 흔들립니다. 이 규칙적인 왕복 운동이 시계 문자판 뒤의 숨겨진 기계 장치로 하여금 매초 시침을 움직이게 합니다. 완벽한 시계를 설계하려면 추의 왕복 시간이 가능한 한 안정적이고 정확해야 합니다. 이 시간, 즉 '주기'는 외부 교란, 습도, 온도, 충격에 둔감해야 합니다. 비가 올 때마다 혹은 조깅을 할 때마다 여러분의 시계가 느려지기 시작한다고 상상해 보세요. 마지막으로, 같은 주기 현상을 사용하는 두 시계는 반드시 세계 각지나 심지어 우주에서도 같은 시간을 보여줘야 합니다. 요컨대, 우리는 이 시계들이 '보편적인' 시간을 생성하기를 기대합니다.

어떤 현상의 '보편성'을 판단하려면 은하계 반대편의 외계인에게 그 현상을 재현하도록 하려면 어떻게 설명해야 하는지 자문해 보아야 합니다.

여러분은 외계인이 지구와 같은 시간을 측정하는 시계를 만들도록 돕기 위해 그 제작법을 원거리로 전달할 수 있을까요? 이는 생각보다 훨씬 어렵습니다. 예를 들어, 괘종시계의 경우 알파 센타우리의 주민들에게 어떤 나무, 어떤 금속, 어떤 용수철을 써야 하는지 설명하기가 매우 어려울 것입니다. 1970년대 초, 미국항공우주국 NASA은 이 약간 터무니없는 질문을 물리학자 칼 세이건Carl Sagan에게 던졌습니다. 당시 파이오니어 10호 탐사선이 태양계 너머로 여행을 떠나게 되었고, 외계인이 발견했을 경우에 대비해 메시지를 새긴 판을 탐사선에 부착하기로 했습니다. 세이건은 시간을 보편적으로 표시할 방법을 찾아야 했습니다.[1] 그는 이를 위해 기저 상태와 들뜬 상태의 단순한 수소 원자를 그리기로 결정했습니다.

어떻게 원자가 보편적 시간을 정의하고, 특히 시계를 만들 수 있게 해줄까요? 우리가 이미 언급했듯이 모든 원자는 사다리의 디딤대 같은 양자 준위를 가집니다. 원자를 들뜨게 해서 한 준위에서 다음 준위로 올리려면 딱 맞는 에너지를 가진 광자, 즉 특정파장의 빛이 필요합니다. 이 빛은 규칙적으로 진동하는 전자기파이며, 그 주기는 광자의 에너지와 직접적으로 연관되어 있습니다.[2] 이 빛의 미세한 박동이 바로 시계의 나무 진자를 이상적으로 대체할 주기적 현상입니다. 따라서 여기서 원자는 그것을 비추는 파동의 주기를 엄청난 정밀도로 조정하는 소리굽쇠 역할을 합니다.

예를 들어 수소 원자는 정확히 0.704 나노초마다 연속적으로 진동하는 전자기파에 반응합니다. 게다가 이 값은 '보편적'입니다. 지구상, 알파 센타우리, 그리고 우주 어디에 있건 상관없이 모든 수소 원자들은 오직 이 주기에만 반응할 것입니다. 칼 세이건은 수소와 그 두 가지 에너지 준위를 그림으로써 우주 전역에 공통된 시간 단위를 정의할 수 있다는 것을 알고 있었습니다. 사실 이 아이디어는 새로운 것이 아닙니다. 1879년에 이미 켈빈Kelvin 경은 나트륨 원자의 진동이 시간 측정의 표준으로 사용될 수 있다고 상상했습니다. 물론 그의 계산은 정확하지 않았지만, 직관은 옳았습니다. 20세기 초 양자 물리학의 출현 덕분에 우리는 실제로 이 원자 시계를 어떻게 만들어야 하는지 이해하게 되었습니다. 그 자세한 내용은 다음과 같습니다.

원자 시계 만들기 4단계

1. 원자 종류를 선택하세요. 전문가들 사이에서 가장 인기 있는 원자 중 하나인 세슘을 사용해 봅시다. 기체 상태로 준비하세요.
2. 레이저로 원자들을 진정시키세요.
3. 전자기파를 보내세요.
4. 원자들이 흥분하는지 관찰하세요. 그렇지 않다면 파동의 주기를 변경하고 효과가 나타날 때까지 반복하세요. 효과가 나타났나요? 세슘 원자들이 잘 흥분했나요? 그렇다면 국제도량형국BIPM에 전화해서 공식 주파수를 확인하세요. "세슘이요? 잠깐만 기다려주세요…. 네, 세슘의 주파수는 9,192,631,770 Hz 입니다." 여러분은 되묻습니다. "알겠습니다, 그럼 주기는요?" 상담원의 대답, "아, 물리학자가 아니시군요. 역수를 취하면 됩니다. 잠시만요, 제가 계산해 드릴게요. (키보드 소리) 메모하세요, 0.10878278 나노초입니다."

이제 여러분은 정확히 0.10878278나노초의, 즉 10억분의 1초의 주기를 가진 진동파를 손에 쥐게 됩니다. 초고속이고, 초정밀하며, 완벽하게 보편적인 일종의 진자죠. 이 방법은 실제로 국제도량형국이 국제적으로 채택한 방법으로, 모든 시간 측정의 기본이 되는 기본 시간 단위인 초를 정의하는 데 사용됩니다.

원자 분수

이 방법은 간단해 보이지만, 이런 장치를 만들기 위해서는 레이저와 원자 분야에서 최고 수준의 기술이 필요합니다. 정밀한 세슘 원자 시계를 만들기 위해 50년 이상의 첨단 연구가 필요했습니다.

오늘날 이 시계들은 지구 전역의 시간을 결정합니다. 많은 사람들이 잘 모르고 있지만, 우리의 시계, 스마트폰, 컴퓨터 모두 정기적으로 공통 기준인 UTC, 즉 협정 세계시와 비교됩니다. 이 시간은 국제도량형국에 의해 계산되며, 전 세계 12개의 원자 시계에서 직접 측정한 시간을 이용합니다. 시간은 소수점 아래 16자리까지 결정되는데, 이는 놀라운 정밀도입니다.

이 12개의 시계는 모두 원자 분수를 이용해 작동합니다. 이 분야의 권위자 중 한 사람인 크리스토프 살로몽 Christophe Salomon은 1990년대 초에 동료인 클레롱 Clairon, 겔라티 Guellati, 필립스 Phillips와 함께 설계한 최초의 분수에 대해 제게 설명해 주었습니다. 그 실험은 엄청나게 복잡했습니다. 3개의 광학 테이블이 필요했는데, 하나는 레이저 작동용, 다른 하나는 빛 광선 모양을 잡기 위해, 마지막 하나는 원자를 냉각하고 분수 속으로 발사하는 데 사용되었습니다. 레이저 중 하나는 이틀마다 재충전해야 했고, 다른 하나는 계속 고장이 났죠. 말 그대로 엉망진창이었습니다. 그럼에도 불구하고 이 끔찍하게 까다로운 조합으로 그들은 처음으로 이러한 장치의 엄청난 잠재력을 증명할 수 있었습니다.

이 작은 보석의 현대 버전을 파리천문대l'Observatoire de Paris의 SYRTE 연구소에 가서 살펴보겠습니다. 여기에는 협정 세계시UTC를 결정하는 12개 시계 중 3개가 있습니다. 분수 시계는 기계식이나 전자식 쿼츠 시계와는 전혀 다릅니다. 2~3미터 높이로 솟아 있는 이 시계는 거대한 금속 굴뚝 같아 보이며, 시계를 가동하는 수많은 케이블과 각종 펌프들은 여러분이 물리학 연구소에 있다는 것을 상기시켜 줍니다. 이 시계는 세슘 가스로부터 시작됩니다. 주변에 배치된 6개의 레이저 광선이 각 세슘 원자를 최대한 감속시켜 정지시킵니다. 성공적으로 작동하면 원자는 절대 영도보다 겨우 100만분의 1도 높은 온도에서 얼어붙은 것처럼 거의 정지 상태로 공중에 떠 있게 됩니다.

그다음은 원자의 여기(들뜸) 주파수를 감지하는 것입니다. 이를 위해 물리학자들은 갑작스럽게 레이저를 조정해 미묘한 균형을 깨뜨립니다. 각 세슘 원자는 그때 위로 밀어내는 강한 힘을 느끼고, 초속 몇 미터의 속도로 천장을 향해 발사됩니다. 원자의 경로에는 마이크로파 공동cavity이 설치되어 있습니다.[3] 전자레인지처럼 이 공동도 내부에 파동을 안고 있을 수 있다는 점에서 비슷하지만, 원자가 통과할 수 있도록 양쪽이 뚫려 있다는 차이가 있죠. 원자가 이를 통과할 때 파동이 정확한 값으로 설정된 경우에만 세슘이 들뜬 상태로 여겨집니다. 마치 전자레인지에 구멍 2개를 뚫고 그 안으로 음식을 던져넣어 기기를 통과하면서 익기를 바라는 것과 비슷합니다. 물론 이런 실험은 절대 하지 말아야 하겠죠.

그다음은 단순히 중력의 문제입니다. 공중에 던진 테니스공처럼, 원자들은 조금 더 올라갔다가 1~2미터 위에서 분수처럼 떨어집니다. 이 과정에서 다시 마이크로파 공동을 통과하는데, 이번에는 자유낙하 상태로 지나갑니다. 바닥에 부딪치기 직전, 마지막 레이저 광선이 원자를 비춰 형광을 발하게 합니다. 오직 적절한 마이크로파에 의해 여기된 원자만이 반응합니다. 아무것도 보이지 않나요? 그렇다면 파동이 잘못 설정된 겁니다. 라디오 주파수를 맞추듯이 마이크로파의 주기를 조정하면 됩니다.

자, 이제 원자들이 빛나는 게 보이나요? 정확한 주기를 맞춘 겁니다! 원자의 경로가 길수록 측정의 정밀도는 높아집니다.[4] 현재 몇 미터 높이의 분수 시계에서 원자의 경로는 1초 이상 걸리는데, 이는 초기 모델보다 10만 배 더 정밀한 측정을 가능하게 합니다.

주기 측정은 이렇게 이루어 집니다. 하지만 이것만으로는 부족합니다. 시계의 나머지 부분도 설계해야 하니까요! 과학자들은 혁신만 하는 게 아니라, 검증된 방식은 재활용할 줄도 압니다. 여기서는 바로 그 오랜 쿼츠 시계에서 영감을 받습니다.[5] 공동에서 측정된 진동파는 작은 수정 조각을 진동시키고, 수정은 다시 분수로 되돌아가는 전자기파를 생성합니다. 전자 시스템이 원자들의 반응에 따라 지속적으로 주파수를 보정합니다. 이 순환 제어의 고리는 수정을 원자의 명령에 따라 진동하게 만듭니다. 그 다음부터는 일반적인 시계처럼 사용하면 되는데, 양자 법칙을 통해 훨씬 더 정밀해졌을 뿐입니다.

점점 더 정밀해지는데… 무슨 소용일까요?

2개의 원자 분수 시계로 1억 년 동안 시간을 측정한다면 둘 사이의 시간 차이는 최대 1초에 불과할 것입니다. 반면 최고급 쿼츠 시계는 며칠씩 오차가 발생할 겁니다. 이 만큼도 놀라운 수준이지만, 더 높은 정밀도를 실현하는 것이 가능합니다. 이제 역대 가장 정밀한 시계 기록을 향해 가봅시다.

시간을 결정하기 위해 진동수를 셀 때 파동의 주파수가 높을수록 정밀도가 높아집니다. 그래서 연구자들은 더 높은 주파수로 공명하는 에너지 준위를 가진 원자로 눈을 돌렸습니다. 수은이 좋은 후보인데, 그 주기가 세슘보다 5만 배나 더 짧기 때문입니다. 하지만 대가가 따릅니다. 이제는 수은을 여기시키기 위해 빛 광선이 필요합니다. 마이크로파와 금속 공동으로는 부족합니다. 이번엔 초 안정 상태의 믿을 수 없을 만큼 정밀한 레이저가 필요합니다. 이런 장치는 시중에 없으니 맞춤 설계해야 하고, 매달거나 냉각하거나 기계적으로 격리하는 등 안정화를 위한 수천 가지 기술이 필요합니다.

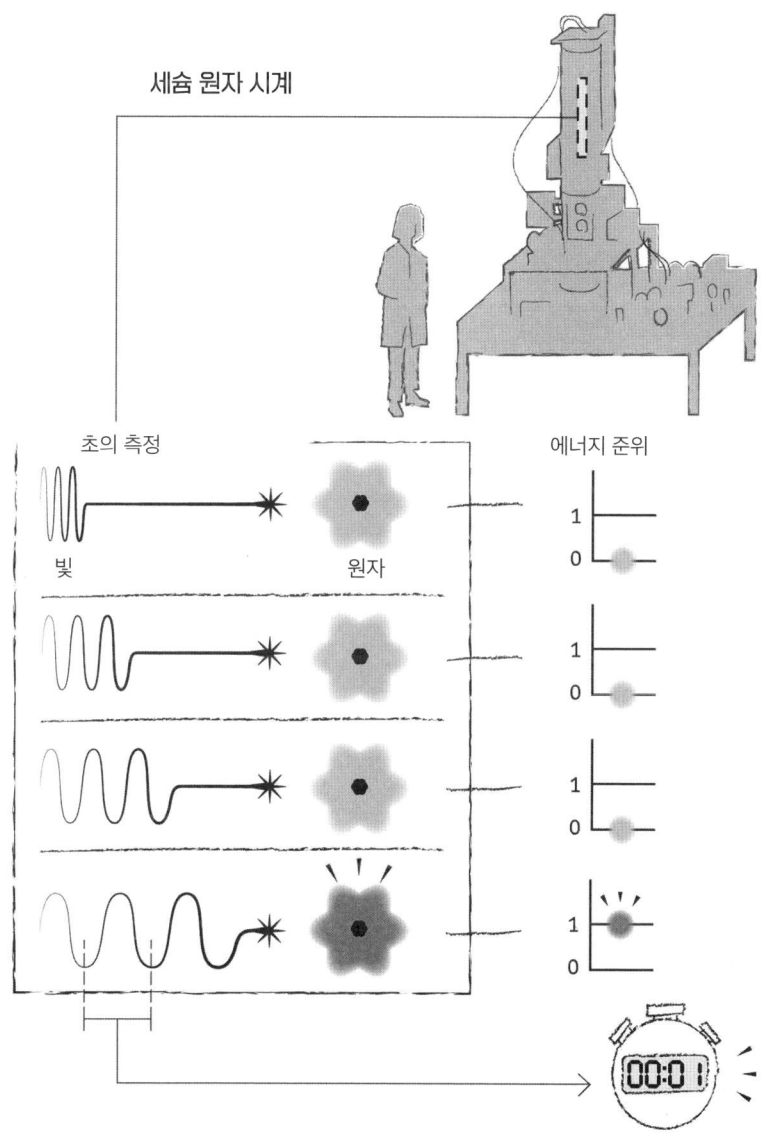

원자 시계에서 원자에 파동을 보냅니다. 그 파동이 올바른 주기를 가지고 있다면 원자는 들뜨게 되고 빛을 발산합니다. 이 주기는 협정 세계시를 맞추기 위한 기준이 됩니다.

그게 다가 아닙니다. 이 레이저들을 안정화한 후에는 그 주파수를 측정해야 합니다. 주파수가 너무나 높은데 초당 100만 곱하기 10억 번 이상의 진동이라 일반 오실로스코프로는 안 됩니다. 독일의 테오도어 헨쉬Theodor Hänsch와 미국의 존 홀John Hall이 곧 해법을 찾았습니다. 그들은 '주파수 빗Frequency Comb'이라는 독창적인 시스템을 고안했는데, 이는 빗의 이빨처럼 간격을 둔 다양한 색상의 피크를 만들어내는 일종의 슈퍼 레이저입니다. 이 장치로 레이저의 주파수를 전례 없는 정밀도로 측정할 수 있게 되었고, 이 두 연구자는 노벨상을 받았습니다.

데이비드 와인랜드 팀이 2001년에 최초로 '광학' 시계를 만들었습니다. 이 물리학자들은 이미 개별 원자를 조작하는 데 최고의 전문가들입니다(1장 참조). 그들의 기술은 수은 원자를 이온으로 바꾼 다음 진공 상태에서 전기장으로 포획하는 것입니다. 단 하나의 이온의 들뜸 주파수를 정밀하게 측정함으로써, 그들은 세슘 시계보다 10배 더 정밀한 최초의 광학 시계를 설계했습니다. 하지만 한계가 있었습니다. 하나의 이온으로 작업하면 신호가 약하고 잡음이 많다는 것입니다. 더 많은 이온을 추가해도 소용없는데, 이온이 가진 전하 때문에 서로를 방해하기 때문입니다.

여기서 새로운 주인공이 등장합니다. 바로 레이저로도 포획 가능한 중성 원자들입니다(13장 참조). 단일 수은 이온 대신, 이번엔 수천 개의 스트론튬이나 이터븀 원자로 실험이 진행됩니다. 마치 수천 개의 시계를 동시에 측정하는 것과 같습니다.

다시 한번 이 원자들을 길들이는 데는 수년간의 기술 개발이 필요했습니다. 하지만 그 노력은 헛되지 않았습니다. 2010년대부터 이 광학 시계들이 기록을 연이어 경신합니다. 최근의 시계들은 놀라운 정밀도를 달성했습니다. 이런 광학 시계로 137억 년 전 우주의 시작부터 시간을 측정한다면 단 1초의 오차만 누적될 것입니다. 이 뛰어난 정밀도 덕분에 이 시계들은 곧 세슘 시계를 대체하여 협정 세계시를 정의하게 될 것입니다.[6]

그래서 어쨌단 말이죠? 여러분은 기술적 성과를 넘어, 이런 대단한 업적이 일상생활에 무슨 쓸모가 있냐고 반문하실 겁니다. 역설적이게도 이 장치들의 유용성은 그들이 알려주는 시간 자체에 있지 않습니다. 우리가 피코초(10^{-12}초, 1조분의 1초) 단위로 시간을 맞출 일은 거의 없으니까요. 이 장치들이 귀중한 이유는 우리의 위치를 찾는 데 도움을 주기 때문입니다. 원자 시계 없이는 미국의 GPS Global Positioning System, 위치정보 시스템나 유럽의 갈릴레오 같은 시스템이 존재할 수 없습니다. 이 위성 네트워크들은 여러분의 스마트폰이 단순히 시간을 측정하는 것만으로도 위치를 파악할 수 있게 해줍니다.

구체적으로 살펴봅시다. 여러분이 애용하는 스마트폰은 지구 주위를 돌고 있는 20여 개 위성 중 가장 가까운 4개에 신호를 보냅니다. 각 위성은 자신의 위치와 현재 시간을 담은 신호를 보냅니다. 휴대폰은 이 데이터를 자체 시간과 비교해 신호가 도달하는 데 걸린 시간을 계산하고, 그로부터 각 위성까지의 거리를 추론합니다. 3개 위성을 이용한 삼각 측량법을 통해[7] 스마트폰 자체의 위치를 결정할 수 있습니다. 네 번째 위성은 휴대폰 시계에서 발생할 수 있는 미세한 오차를 보정하는 데 필요합니다.

그러나 이러한 시스템은 위성의 시계가 초정밀해야만 제대로 작동합니다. 100만분의 1초의 시간 차이만 있어도 위치가 300미터나 어긋나는 재앙이 발생합니다. 다행히 각 위성에는 여러 개의 원자 시계가 있습니다. GPS 시스템에는 4개의 세슘 시계가, 갈릴레오에는 1개의 루비듐 시계와 1개의 수소 시계가 있죠.

물론 이 시계들은 실험실의 거대한 분수 시계보다 훨씬 더 소형입니다. 하지만 현재의 정밀도, 거의 14자리 숫자에 달하는 정밀도로도 지구상의 여러분의 위치를 몇 센티미터 오차 내로 결정하기에 충분합니다.

시간으로 중력 측정하기

우리가 알지 못하는 사이에 양자혁명은 이미 우리의 시간과 공간에 대한 이해 방식을 뒤흔들었습니다. 우리의 스마트폰이 실험실의 원자 시계로 측정된 협정 세계시에 맞춰 시간을 조정할 뿐만 아니라, GPS로 우리 위치를 측정하는 것 또한 위성 안에서 이루어지는 양자 실험에 기반합니다. 이러한 응용을 넘어 이 시계들은 더 뜻밖의 분야, 즉 지구물리학에도 쓰일 수 있습니다. 이를 이해하려면 일반 상대성 이론을 거쳐야 합니다! 그러나 걱정 마세요, 기본 원리만 설명하겠습니다.

1915년, 아인슈타인은 물질이 있을 때 공간과 시간이 어떻게 변하는지 설명하기 위해 이 이론을 발전시켰습니다. 그는 행성처럼 질량을 가진 모든 물체가 주변의 시간 흐름을 왜곡한다고 상상했습니다. 전례 없는 정밀도를 가진 광학 시계로 이 기묘한 예측을 확인할 수 있습니다. 가장 정밀한 시계를 하나, 아니 두 개를 사용하기로 합시다. 그리고 나란히 놓고 동기화하세요. 그다음 시계 하나를 조심스럽게 1미터 높이로 듭니다. 이제 그 시계는 지구에서 더 멀어졌으니 중력의 영향을 덜 받습니다. 상대성 이론에 따르면 이 시계는 아래쪽 시계보다 시간이 더 빨리 흐르는 것을 느껴야 합니다. 상상해 보세요. 아인슈타인은 1915년에 이미 우리가 쪼그리고 앉으면 지구에 더 가까워지므로 시간이 느려져야 한다고 주장했습니다!

하지만 예측된 효과가 너무 작아서 당시엔 측정할 수 없었습니다. 1년 동안 1미터 높은 곳에 둔 시계는 겨우 3나노초 빨라질 뿐입니다.[8] 2010년, 양자 광학 시계의 출현으로 와인랜드 팀은 마침내 30센티미터 높이 차이로도 이 시간 차이를 측정해 냅니다. 더 놀라운 것은 2021년, 또 다른 미국 팀이 수 밀리미터 높이의 수직 튜브를 따라 수십만 개의 스트론튬 원자를 포획했다는 것입니다. 그들은 수년에 걸쳐 개발한 초안정 레이저를 이용해, 그 공간에서 시간이 흐르는 방식을 전례 없는 정밀도로 측정합니다. 그들은 다시 한번 아인슈타인이 예측한 값대로 이번엔 몇 밀리미터 단위에서 시간 팽창을 관찰합니다. 그들은 여러분의 배꼽 아래와 중간에서조차 시간이 다르게 흐른다는 것을 증명한 것입니다!

이 모든 시간 측정은 일반 상대성 이론을 극적으로 입증합니다.

"그래서 어쨌단 말이죠? 어차피 이 이론은 이미 다른 많은 실험으로 검증됐잖아요!"라고 여러분은 반박할 겁니다. 그러자 물리학자들은 관점을 뒤집는 기상천외한 아이디어를 냅니다. 중력이 시간 팽창을 일으킨다고요? 그럼 이 현상을 이용해 중력을 측정해 봅시다!

방법은 이렇습니다. 두 광학 시계를 동기화한 다음, 한 시간 후에 비교합니다. 한 시계가 다른 시계보다 빠르다면 그 시계가 더 약한 중력을 받고 있다는 뜻입니다. 이로써 이 두 시계가 있는 장소 사이의 지구 중력 포텐셜Potential 변화를 측정할 수 있습니다. '상대론적 측지학'의 시대에 오신 것을 환영합니다. 시간을 이용해 중력을 측정하는 아주 특별한 방법이죠. 이 방법으로 '지오이드Geoid'를 더 정밀하게 결정할 수 있을 겁니다. 지오이드란 지구 표면의 중력 변화를 그리는 일종의 기하학적 구성체입니다. 이 지오이드는 많은 응용 분야에서 중요합니다. 지구상의 정밀한 고도 결정이나 로켓 궤도 계산 같은 것들이죠. 와인랜드는 이 새로운 접근법을 유머러스하게 요약합니다. 그는 평생 더 정밀한 원자 시계를 만들기 위해 노력했는데, 결국 단순한 고도계를 만들게 됐다고 말이죠!

이렇게 고전적인 만유인력 법칙으로 돌아가는 것은 꽤 아이러니합니다. 일반 상대성 이론과 양자물리학은 뉴턴이 발명한 고전역학에 끊임없이 의문을 제기해 왔습니다. 그런데 이제 이 두 이론을 함께 사용해 우리의 지구 중력을 측정하게 되다니요. 역사의 멋진 반전이죠. 뉴턴도 이 장면을 보게 된다면 즐거워했을 겁니다.[9]

지구물리학에는 좋은 소식이지만, 협정 세계시 측정에는 작은 재앙이죠. 지구는 완벽한 구형도 아니고 균질하지도 않기 때문에 중력이 조금씩 다릅니다. 적도와 북극 사이에는 1% 정도 차이가 나고, 조석이나 지형에 따른 변화도 있죠.[10] 따라서 스웨덴 북부와 중앙아메리카에 있는 시계는 시간의 흐름을 다르게 봅니다. 결론은 냉정합니다. 앞으로 협정 세계시의 정밀도를 높이려면 곧 광학 시계를 이런 중력 변화의 영향을 받지 않는 고궤도 우주로 보내야 할 것입니다.[11] 진정한 도전이죠!

에트나 화산 꼭대기의 원자

원자를 간섭시키면 놀라운 운동 센서를
얻을 수 있다. 이 센서는 무엇보다도
물리학의 기본 원리를 시험하는 것을 목표로 한다.

어느 날 실험실에서 커피 시간에 우리는 스마트폰으로 우리 건물의 높이를 측정하는 모든 방법을 상상해 보았습니다. 전형적인 물리학자들의 대화였죠. 요즘 휴대폰에는 실제로 수많은 초감도 센서가 들어 있습니다. 마이크를 사용하자고 프레데릭이 제안했습니다. "옥상에서 공을 떨어뜨리고 스마트폰 마이크로 튀어오르는 소리를 녹음하면 그걸로 높이를 알 수 있어." "자력계는 어때?" 지오바니가 말했습니다. "건물 꼭대기에서 실로 매단 자석의 움직임을 측정하고 진동 주기로 높이를 알아낼 수 있을 거야." … 논의 끝에 61가지 아이디어를 모았습니다. 대화는 여기서 끝날 수도 있었습니다. 하지만 우리는 이를 직접 시험하고 과학 저널에 발표하기로 했습니다. '스마트폰 물리학 도전'이 탄생한 거죠.[1]

제가 가장 좋아하는 건 첫 번째 방법, 간단히 '자유낙하'라고 명명된 것입니다. 우리는 이를 실제로 시험해 봤죠. 실험실 옥상에서 스마트폰을 떨어뜨려 봤습니다. 낙하하는 동안 스마트폰은 자체 가속도를 측정했습니다. 4층 아래에서 동료들이 소방관처럼 큰 천을 펴고 스마트폰을 안전하게 받아냈습니다. 스마트폰 화면에서 낙하 시간을 확인했고, 이를 통해 건물 높이가 1미터 오차 범위 내에서 14미터라는 걸 알아냈습니다. 단순한 측정 방법 치고는 나쁘지 않았죠. 하지만 불확실성이 마음에 걸렸습니다. 이를 개선하려면 훨씬 더 나은 가속도계가 필요했습니다. 이를 위해 양자물리학보다 더 나은 게 있을까요?

간섭하라!

거의 한 세기 차이를 두고 두 실험이 물리학계를 뒤흔들었습니다. 1887년, 미국인 마이켈슨Michelson과 몰리Morley는 광원이 움직여도 빛의 속도는 일정하다는 걸 보여줍니다. 이 놀라운 결과는 몇 년 후 아인슈타인의 특수 상대성 이론으로 이어집니다. 2015년, 레이저 간섭계 중력파 관측소LIGO의 연구자들이 중력파 통과로 인한 거울의 미세한 움직임을 감지합니다. 그들은 10억 년 전 두 블랙홀의 충돌로 인한 최초의 중력파를 측정한 것입니다.

이 두 발견의 공통점은 무엇일까요? 두 경우 모두 정밀도의 최고봉이라 할 수 있는 간섭계를 이용해 현상을 감지했다는 점입니다. 지금까지는 양자와 관련이 없다고 생각하시겠지만, 잠시만 기다려 보세요!

간섭계는 파동을 조작하는 기술에 기반합니다. 호수에 돌을 던지면 돌이 떨어진 자리 주변으로 수면에 작은 파동이 생기는 것을 볼 수 있습니다. 이 파동을 막대기 같은 것으로 가로막아 둘로 나눠보세요. 두 파동이 생겨 각자 다른 방향으로 갑니다. 첫 간섭계를 만들기 위한 마지막 단계는 이 두 파동을 다시 모으는 겁니다. 바로 이 파동들이 재결합할 때 간섭이 일어납니다.

때로는 파동들이 더해져서 최종 파동이 크고 뚜렷해집니다. 때로는 반대로 서로 상쇄되어 한 파동의 최댓값이 다른 파동의 최솟값과 정확히 만나 최종 파동이 그냥 사라져 버립니다. 모든 것은 두 파동이 지나온 경로에 달려 있습니다. 이게 바로 이 실험의 핵심입니다. 한 파동의 경로를 다른 것과 비교해 변화시키는 모든 요인이 최종 간섭에 영향을 줍니다. 좋게든 나쁘게든, 건설적이든 파괴적이든 말이죠. 예를 들어 한 파동이 다른 것보다 빨라지면 간섭은 즉시 변합니다.

감도를 높이려면 가능한 한 균일하게 진동하는 파동을 사용해야 합니다. 레이저가 이 조건을 다른 어떤 것보다 잘 충족시켜 줍니다. 레이저는 높은 결맞음을 가진 빛, 완벽하게 균일한 전자기파를 만들어내기 때문입니다. 앞에서 언급한 LIGO의 간섭계는 세계에서 가장 정밀한 간섭계입니다. 초안정 레이저가 4 km가 넘는 2개의 경로로 나뉩니다. 두 빛 광선은 각 회랑 끝의 거울에서 반사되어 출발점으로 돌아옵니다. 수면의 파동처럼 이 광선들은 재결합하여 간섭합니다. 만약 중력파가 한 회랑을 통과한다면 거울 중 하나를 움직이게 하고, 이는 즉시 간섭을 변화시킵니다. 바로 이렇게 중력파를 탐지하는 겁니다.

잘 들어보세요. 2015년의 유명한 측정, 즉 그 주역들에게 노벨상을 안겨준 그 측정에서, 거울은 원자핵 지름의 1000분의 1인 10^{-18}미터만 움직였습니다! 이 말도 안 되는 수준의 움직임도 간섭에 미치는 영향 덕분에 감지될 수 있었습니다. 천문학 관측의 새 장을 연 이 환상적인 실험이 다른 어떤 것보다도, 정밀 측정이 필요할 때 연구자들이 왜 간섭계를 특히 선호하는지를 잘 설명해 줍니다.

양자 파동

양자 간섭계는 과연 어떤 모습일까요?

모든 물체는 충분히 작고 고립되어 있다면 양자 법칙으로 기술됩니다. 그 법칙 중 첫 번째는 물체가 측정되지 않는 한 파동처럼 행동한다는 것입니다. 양자물리학 전체는 이 기묘한 '파동 함수' 개념에 기반합니다. 기본 입자인 전자든, 혹은 더 복잡한 실체인 원자, 분자, 나노 회로에 이르기까지, 모든 미시적 물체는 파동과 같습니다. 이 생각은 터무니없어 보입니다. 서로 붙어 있는 작은 공들의 집합으로 상상되곤 하는 분자가 어떻게 파동처럼 행동할 수 있을까요? 그럼에도 이는 수없이 실험으로 증명되었고, 한 번도 틀린 적이 없습니다.

그렇다면 양자 간섭계를 상상하는 것은 한 걸음만 더 나아가면 됩니다. 레이저 빛, 즉 빛의 파동 대신 실제 질량체, 즉 물질의 '파동'을 사용하는 것입니다. 실험할 좋은 후보는 원자입니다. 원자는 전자나 중성자에 비해 훨씬 다양한 특성들을 제공하는데, 이는 나중에 살펴보겠지만 매우 귀중한 자산입니다.

아마도 세계에서 가장 정밀한 측정 도구 중 하나인 원자 간섭계를 소개하겠습니다. 이는 광학 간섭계와 같은 원리를 이용합니다. 레이저 광선처럼 원자도 파동처럼 둘로 나뉠 수 있다는 생각만 받아들이면 됩니다. 그러면 두 경로를 따라 원자를 보내고, 다시 자기 자신과 결합시켜 간섭하는 것을 볼 수 있습니다. 곧 이렇게 이상한 실험을 실제로 어떻게 설계하는지 알아보겠지만, 지금은 일단 이것을 유용하게 사용해보겠습니다! 기계를 켜봅시다. 어두운 줄무늬와 밝은 줄무늬가 규칙적으로 번갈아 나타나는 간섭 무늬가 화면에 나타납니다. 장치를 조금만 움직여도 줄무늬가 이동합니다. 이 편이, 즉 '위상 변화'를 측정하면 장치가 겪은 가속도를 측정할 수 있습니다. 따라서 원자 간섭계는 스마트폰에 내장된, 움직임을 감지하는 가속도계와 다름없습니다.

하지만 왜 빛 대신 원자를 사용하려고 애쓰는 걸까요? 현대의 광학 간섭계도 이미 놀라운 성과를 거두고 있는데 말입니다. 그럼에도 원자에는 큰 장점이 있습니다. 원자는 질량이 없는 광자와 달리 질량이 있습니다. 따라서 원자는 중력을 측정하는 데 쓰일 수 있습니다. 원자는 중력에 민감할 뿐만 아니라, 원자를 가속하거나 경로를 휘게 만드는 다른 모든 힘에도 민감합니다. 적절한 조건에서 준비된 원자는 믿을 수 없을 만큼 민감한 운동 센서가 됩니다.[2] 또 다른 이점은, 원자가 측정하는 위상 변화가 절대적으로 결정된다는 겁니다. 주기적으로 보정하거나 외부 기준과 비교할 필요가 없죠. 요약하자면, 원자 간섭계는 더 정밀하고 더 안정적입니다. 물리학자라면 누구나 꿈꿀 만한 도구죠.

간섭계의 심장부

기기의 작동 원리를 이해하기 위해 그 내부로 들어가 봅시다. 먼저 원자를 선택합니다. 가볍고 움직이기 쉬운 걸 원하세요? 수소를 고르세요. 높은 질량을 선호하세요? 세슘이 딱입니다. 자력을 느끼고 싶으세요? 크롬을 쓰세요. 고르셨나요? 그럼, 시작합시다!

간섭을 만들려면 파동을 둘로 나누고, 두 경로를 따라 보내고, 재결합한 뒤 검출해야 합니다. 여기서 파동은 진공에 놓인 원자 자체입니다. 잘 조정된 짧은 레이저 펄스로 원자를 둘로 나눌 수 있습니다. 양자역학의 기적으로 원자는 이제 바닥껴 상태와 들뜸여기 상태를 동시에 차지합니다. 그 파동 함수가 말 그대로 둘로 갈라져 원자는 동시에 들떠 있기도 하고 평온하기도 합니다. 즉시 들뜬 쪽이 고속으로 발사됩니다. 전이를 일으킨 바로 그 광자가 원자를 힘차게 앞으로 밀어내기 때문입니다. 반면 바닥 상태의 쌍둥이는 더 평온하고 광자에 덜 강하게 반응합니다. 더 느리게 움직이며, 당연히 뒤처집니다. 1초 후 원자는 경로를 따라 앞서기도 하고 뒤처지기도 하며 두 곳에 동시에 있게 됩니다.[3] 자기 자신과의 거리가 심지어 몇 센티미터에 이를 수 있습니

원자 간섭계

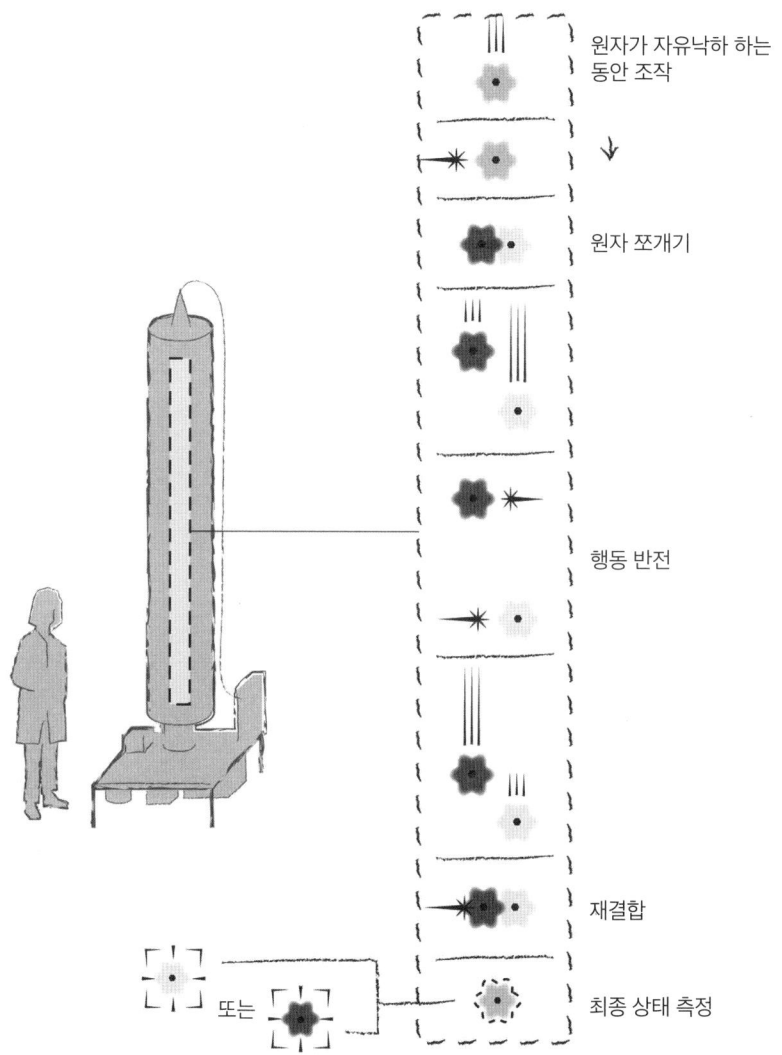

이 간섭계에서 원자는 레이저를 통해 둘로 나누어졌다가 다시 결합됩니다. 최종 상태를 통해 원자가 이동하는 동안 겪은 중력 등을 측정할 수 있습니다.

다. 양자 세계는 명백히 우리의 직관을 벗어납니다.

이때 이 분리된 원자에 두 번째 레이저 펄스를 보내 상황을 뒤집습니다. 들뜬 원자는 차분해지고 속도가 느려지며, 다른 하나는 반대로 들떠서 가속됩니다. 곧 뒤처진 원자가 다른 쪽을 따라잡습니다.[4] 두 원자가 만날 때 마지막 레이저 펄스로 간섭을 일으킵니다. 매우 이상하게 들리겠지만 마지막에 원자는 자기 자신과 간섭합니다. 이 간섭은 결국 원자의 형광으로 나타나며, 이를 더 밝게 또는 덜 밝게 측정할 수 있습니다.

요약하자면, 빈 터널, 포획된 원자, 몇 개의 레이저 펄스로 진정한 원자 간섭계를 만들 수 있습니다. 마이켈슨과 몰리가 빛을 위해 고안했던 초기 간섭계의 아이디어를 확장해, 우리는 이제 더 정밀하게 현상을 측정할 준비가 되어 있습니다.

중력 측정, 그 이상

간섭계가 준비되었고, 레이저 펄스가 발사 직전이며, 형광 검출기가 대기 중입니다. 하지만 이것들로 무슨 유용한 일을 할 수 있을까요? 기억하세요, 이 장치 안의 원자들은 경로 내내 중력을 느낍니다. 따라서 간섭으로 놀라운 정밀도로 중력을 측정할 수 있습니다. 야심찬 계획처럼 들릴 수도 있지만, 양자 기술 분야에서 가장 주목받는 프랑스 신생 기업 중 하나인 뮤칸스MUQANS의 엔지니어들이 최근 이런 장치를 설계했습니다. 더 놀라운 것은 그들이 이를 유명한 시칠리아 에트나 화산 꼭대기로 가져갔다는 겁니다. 해발 2,800미터의 고지에서, 1미터 높이의 거대한 흰색 원통 안에 자리 잡은 간섭계는 모든 제어 전자 장치를 포함한 또 다른 인상적인 구조물과 함께 설치되었습니다. 이 간섭계는 루비듐 원자의 간섭을 측정하고 중력을 10억분의 1까지 정확히 추정합니다.

이 믿을 수 없는 정밀도 덕분에, 예를 들어 마그마가 지표면으로 빠져나오려 할 때처럼 미세한 중력 변화를 감지할 수 있습니다.[5] 이 프로젝트에 참여한 물리학자와 지질학자들은 이 새로운 중력계를 사용해 화산 활동을 감시하고 분화를 예측하고자 합니다. 2022년 초, 영국의 한 연구 팀은 유사한 장치로 중력에 미치는 영향만으로 20센티미터 오차 내에서 터널의 존재를 감지하는 데 성공했습니다. 다른 팀들은 더 극한 조건, 이번엔 배 위에서 장치를 시험했습니다. 실험은 브르타뉴 해안의 4미터가 넘는 파도가 치는 거친 바다에서 진행되었습니다. 그런데도 이 지옥 같은 조건에서 간섭계는 100만분의 1의 정밀도로 중력을 측정해 냈습니다. 짐작하겠지만 이 도구는 지하수, 빙하 지대, 산, 심지어 대륙의 움직임을 감지하기 위해 지구 전역에 배치될 수 있습니다. 이는 중력에만 국한되지 않습니다. 중력은 단지 특별한 형태의 가속도, 즉 거대한 질량의 지구가 우리에게 가하는 가속도일 뿐입니다. 건물 꼭대기에서 떨어뜨린 스마트폰이 자체 낙하를 측정하는 것을 떠올려 보세요. 그것이 가능한 이유는 휴대폰 내부에 1밀리미터도 안 되는 작은 가속도계, 일종의 초소형 그네가 있기 때문입니다. 이 기계 공학의 소형화 걸작품은 가속도를 100분의 1까지 측정합니다. 원자 가속도계는 이보다 1,000만 배나 더 정밀합니다! 가속도뿐만 아니라 회전도 측정할 수 있죠. 그 능력은 심지어 GPS를 대체할 수도 있습니다. 물론 GPS는 이미 우리의 위치 파악에 아주 잘 작동합니다(2장 참조). 하지만 어느 정부가 하루아침에 네트워크를 끊어버리면 어쩌죠? 그렇게까지 안 가더라도, 인터넷에서 구할 수 있는 50유로짜리 간단한 전파방해기만 있어도 드론의 GPS 센서를 속여 추락시킬 수 있습니다. 미사일이나 잠수함 같은 중요한 군사 응용 사례에서는 더 이상 GPS에만 의존하지 않는 것이 필수입니다.

이 문제의 해결책에는 이미 이름이 있습니다. 바로 관성 항법입니다. 그 원리는 기본적인 아이디어에 기반합니다. 자신의 걸음 수를 세는 것입니다. 예를 들어, GPS 없이 산책을 한다고 가정해 봅시다. 지도에 출발점을 표시하고, 산책하는 동안 걸음 수를 주의 깊게 세어 보세요. 방향을 바꾸면 나침반으로 몇 도 돌았는지 기록하세요. 걸음이 일정하고 측정이 정확하다면, 하루가 끝날 때 여러분의 경로를 재구성하고 지도상에서 도착한 위치를 추측할 수 있을 것입니다. 사실 스쿠버 다이빙에서도 영법이 일정하기만 하면 이런 방식으로 위치를 찾을 수 있습니다. 관성 항법도 같은 아이디어에 기반합니다. 예를 들어 잠수함 내부에서는 항구를 떠난 순간부터 탑재된 전자 시스템이 GPS에 의존하지 않고 위치를 추론하기 위해 선박의 가속도와 회전을 끊임없이 측정합니다. 양자 간섭계는 현재 관성 항법 시스템보다 정밀도와 특히 안정성을 높일 수 있습니다.[6] 다만 현재로서는 여전히 장비가 매우 크고 외부의 교란에 민감합니다. 하지만 몇 년 내에 배, 비행기, 그리고 우주선에 양자 운동 센서가 탑재될 것이라고 예상할 수 있습니다.

물리학의 궁극적인 시험대!

양자 기술은 물리학의 기초에서 태어나 항법이나 지질학과 같은 다른 분야에 적용되고 있습니다. 종종 이 기술들은 개발자에게 돌아가기도 합니다. 물리학자들은 자신들의 발명품을 사용하는 것을 좋아하며, 그리고 그것은 충분히 정당한 일입니다. 원자 간섭계는 이렇게 현대 물리학에서 가장 중요한 질문에 답하려는 시도에서 선택된 무기가 되었습니다.

우리의 우주에 대한 지식은 2개의 기둥 위에 있습니다. 한쪽에는 양자역학과 양자장론이 있어서 기본 입자와 그들이 받는 힘을 완벽하게 기술하며, 이를 '표준 모형'이라고 부릅니다. 다른 한쪽에는 일반 상대성 이론이 있어서 중력과 그것이 우리 공간에 미치는 영향을 기술할 수 있게 해줍니다. 그러나 두 이론은 서로 호환되지 않는 것처럼 보입니다. 과학계는 아직 양자역학과 일반 상대성 이론을 통합할 수 있는 이론에 합의하지 못했습니다. 예를 들어 끈 이론과 같은 후보는 있지만, 현재로서는 이를 뒷받침하는 명확한 증거가 부족합니다. 대부분의 제안은 어쨌든 아인슈타인의 등가 원리의 위반이라는 명확한 예측으로 이어집니다.

이 등가 원리는 이론적으로 증명된 정리가 아니라, 단지 지금까지 한 번도 위반된 적이 없는 실험적 관찰입니다. 여러 형태를 취하지만, 가장 단순하고 아마도 가장 유명한 것은 자유낙하의 보편성입니다. 어떤 물체를 떨어뜨리면 그 궤적은 물체의 구성에 따라 달라지지 않습니다. 사과, 깃털, 혹은 모루든 똑같은 방식으로 떨어집니다. 이것이 등가 원리의 한 변형입니다. 물론 이 모든 것은 공기 저항을 배제한 경우에만 성립합니다. 하지만 진공에서 실험하면 여러분 스스로 이 불변의 원리를 확인할 수 있습니다. 중력은 모든 물체에 같은 방식으로 영향을 미칩니다.

아폴로 15호 임무 중 한 우주비행사도 이 측정을 했습니다. 데이비드 스콧David Scott은 달 표면에서 망치와 깃털을 동시에 떨어뜨렸고, 정확히 같은 순간에 착륙하는, 아니 더 정확히는 달 착륙하는 것을 목격했습니다. 그러나 일부 새로운 통합 이론은 같은 실험에서 망치와 깃털 사이에 미세한 편차가 나타날 것이라고 예측합니다. 따라서 이러한 '통일 이론'을 검증하거나 배제하려면 가능한 한 가장 높은 정밀도로 자유낙하를 측정해야 합니다.

자, 시작해 봅시다! 망치와 깃털 역할을 할 원자로, 무거운 원자인 루비듐과 가벼운 원자인 포타슘을 선택합시다. 그런 다음 이들을 진공 상태에서 자유낙하시키고, 간섭계를 사용하여 가능한 한 가장 정밀하게 가속도를 측정해야 합니다.

낙하 시간이 길수록 측정의 정확도는 높아집니다. 따라서 연구자들은 거대한 실험 장치를 설계했는데, 가장 큰 것은 높이가 거의 10미터에 달합니다. 더 대단한 것은, 일부 연구자들이 포물선 비행 중인 비행기에 간섭계를 탑재하여 약 20초 동안 자유낙하를 시뮬레이션한 것입니다. 안타깝게도 비행기의 진동이 측정을 방해했습니다. 다른 이들은 곧 이 실험을 우주에서 또는 독일에 있는 100미터 이상의 탑에서 자유낙하를 통해 수행할 계획입니다.

어쨌든 지금까지는 모든 데이터가 일치합니다. 현재 측정의 정밀도로는 등가 원리의 어떤 위반도 관찰되지 않았습니다.[7] 하지만 이 실험들을 계속하고 정밀도를 더욱 높여 통일 이론의 후보들 중에서 옳은 것을 추려내야 할 것입니다.

전조 현상

결국 원자 간섭계는 새로운 양자 기술을 잘 대표하는 사례입니다. 종종 그렇듯이 이야기는 몇몇 물리학자들이 원자를 가지고 노는 것으로부터 시작합니다. 원자를 조작하고, 들뜨게 하고, 분할하고, 공중에 던지는 등, 간단히 말해 양자역학과 그 이상한 법칙을 가지고 놉니다. 곧 이 실험실 실험들은 다른 분야, 여기서는 지질학, 항법, 기후학 등에서 응용을 찾습니다. 동시에 연구자들은 실현 가능성의 한계를 계속 밀어부치고 근본적인 현상을 측정하기 위해 연구를 계속합니다.

이는 기초 과학과 응용 과학 사이의 건설적인 선순환의 이야기입니다. 다만 한 가지 세부 사항, 바로 시간이 있죠. 간섭계의 경우 첫 시도에서 현재의 응용까지 30년 정도가 걸렸습니다. 이것이 양자 분야에서 염두에 두어야 할 시간 척도입니다. 기본적인 아이디어가 상업적 용도로 이어지는 데는 종종 수십 년이 필요합니다.

그런데 원자가 정말 존재하나?

첫 3개 장에서는 다양한 원자물리학 실험들이 차례로 나왔습니다. 매번 물리학자들은 레이저나 전기장으로 단일 원자를 조작합니다. 그런데 이 과학자들이 생각하는 대로 정확히 하고 있다는 것을 어떻게 확신할 수 있을까요? 이 질문이 처음에는 다소 부조리해 보일 수 있지만, 이 실험들에서 과학자들은 엄밀히 말해 원자를 직접 보지 않는다는 것을 잊지 말아야 합니다. 그들은 정교한 도구를 통해 원자의 간접적인 징후만 측정합니다.

그들은 자신들이 하는 일을 알고 있다고 이야기하겠지만, 잠시 악마의 변호인(의도적인 반대 의견자) 역할을 해봅시다. 양자 이론은 원자가 특정 방식으로 행동해야 한다고 예측합니다. 이를 검증하기 위해, 마찬가지로 양자역학에 기반한 적절한 측정 도구를 설계합니다. 따라서 모든 것이 일관되게 보이는 것은 놀라운 일이 아닐 수 있습니다. 하지만 어쩌면 일종의 집단적 환상을 목격하고 있는 것은 아닐까요? 결국 진짜 원자가 하나도 측정되지 않은 채 '자기충족적' 구성이 만들어진 것은 아닐까요? 연구자들이 단지 원자를 측정한다고 '믿는' 장치를 설계한 것은 아닐까요?

여러 과학철학자들이 이 난제를 검토했습니다. 그중 한 명인 이언 해킹Ian Hacking은 제가 보기에 특히 적절한 답변을 제시합니다.[8]

"어떤 존재에 대한 실험을 한다고 해서 그 존재를 믿을 필요는 없습니다. 하지만 다른 무언가에 대한 실험의 맥락에서 그것을 조작한다면, 그 존재를 믿을 수밖에 없습니다."

해킹은 이렇게 우리를 안심시키는 데 유용한 기준을 제시합니다. 여러분이 연구하는 현상이 양자역학 분야 밖에서도 응용된다면, 그것은 어떤 면에서 그 현상의 현실성과 견고성을 입증한다는 것입니다. 예를 들어 연구자들이 에트나 화산 정상에서 중력을 측정하기 위해 원자 간섭계를 배치하고 합리적인 결과를 얻는다면, 이는 그들이 양자이론이 예측하는 간섭의 현실성을 확신하게 해줍니다.

이 관점은 과학 실험에 새로운 빛을 던져줍니다. 지금까지 실험들은 자연을 관찰하기 위한 기술적 장치에 불과했습니다. 이제 실험들은 더 이상 현상을 측정하는 것에 만족하지 않고 전례 없는 현상을 만들어 냅니다. 이것이 바로 제2차 양자혁명의 핵심입니다. 첫 단계에서 물리학자들은 실험실에서 현상을 만들어 자세히 관찰합니다. 그런 다음 그것을 다른 용도로 사용합니다. 그들은 간섭을 만들고, 이를 이용해 가속도계를 발명합니다. 얽힘을 만들고, 이를 이용해 메시지를 암호화합니다. 중첩을 만들고, 이를 이용해 컴퓨터를 설계합니다.

이 새로운 시대에 실험가들은 더 이상 단순히 양자 이론을 검증하려 하지 않습니다. 그들은 양자 이론을 동원하여 현상을 발명합니다. 어떤 면에서 물리학은 더 이상 기본 사명, 즉 기존 우주를 이해하고 모델링하는 데 국한되지 않습니다. 물리학은 마치 청소년기를 벗어나 자립하듯, 예상치 못한 현상을 출현시키는 단계에 접어든 것입니다.

4 다이아몬드는 영원하다

나노미터 척도로 측정하기 위해
다이아몬드의 결함을 활용하는 기술

미국에서는 엄격한 연방거래위원회Federal Trade Commission가 상거래 법률, 특히 보석 시장을 규제하는 규칙을 지시합니다. 2018년까지 이 위원회는 다이아몬드를 매우 과학적으로 "입방 시스템에서 결정화된 순수한 탄소로 구성된 천연 광물"로 정의했습니다. 그해 5월, 이 위원회는 갑자기 겉보기에는 사소한 변화를 도입하는데, 그것은 '천연'이라는 수식어를 제거한 것입니다. 이 작은 수정은 사실 진정한 혁명을 예고하고 있었습니다.

이 이야기는 19세기로 거슬러 올라갑니다. 당시 많은 과학자들이 다이아몬드를 인공적으로 생산하려고 애썼지만, 번번이 실패했습니다. 다이아몬드는 그 사촌 격인 석탄과 같이 탄소로만 구성되어 있었습니다. 단지 원자들이 쌓이는 방식만이 다이아몬드에 놀라운 특성과

희소성을 부여합니다. 1954년에 트레이시 홀Tracy Hall이 이끄는 제너럴 일렉트릭GE 사의 한 팀이 마침내 다이아몬드 합성이라는 성배를 얻습니다. 연구자들이 그만큼 노력했다고 해야겠죠. 연구자들은 지구 중심부에서 다이아몬드가 생성되는 극단적인 조건을 실험실에서 재현하려고 했습니다. 그들은 이를 위해 거대한 압력 체임버를 건설했고, 그 안에 탄탈륨과 흑연으로 둘러싸인 작은 다이아몬드 혼합물을 넣었습니다. 그런 다음 온도를 1,600℃로 올리면서 압력을 일반적인 대기압의 거의 10만 배까지 높였습니다. 몇 분 후 홀은 혼합물을 꺼내 들고 매료된 눈으로 그것을 바라보았습니다.

"제 눈에는 수십 개의 작은 팔면체 결정이 반짝이는 것이 보였습니다. 그 순간 저는 마침내 인간에 의해 다이아몬드가 만들어졌음을 깨달았습니다."

그러나 세계 천연 다이아몬드 시장을 독점하고 있던 드비어스De Beers 사는 이 '인공' 다이아몬드를 폄하하기 위해 온갖 노력을 기울였습니다. 처음에는 성공한 듯 보였으나, 2018년에 연방거래위원회의 결정으로 마침내 싸움에서 패배했습니다. 이제 보석상들은 천연 다이아몬드와 실험실에서 설계된 합성 다이아몬드를 동등하게 판매할 수 있게 되었고, 어떤 이들은 후자를 '더 친환경적'이라고까지 말합니다. 최근 그들의 고객 중에는 양자물리학자들이 있습니다. 이들은 다이아몬드에서 예상치 못한 특성을 발견했고, 그것은 그들의 눈에 다이아몬드를 더욱 귀하게 만들었습니다.

가장 작은 전자 나노 부품의 합선을 진단할 수 있을 만큼 민감한 장치는 어떨까요? 특정 의료 치료 중 세포가 타지 않는지 확인하기 위해 세포 안에 삽입할 수 있을 만큼 정밀한 온도계는 어떨까요? 세포 안에 넣을 수 있을 만큼 소형화된 의료용 자기공명영상MRI은 어떨까요? 글쎄요, 다이아몬드를 양자역학이라는 특별한 소스로 조리하면, 이런 경이로운 일들이 가능해집니다.

결함을 장점으로 만들기

다이아몬드는 로맨티스트들의 꿈일 뿐만 아니라, 고체 중에서 가장 견고합니다. 다른 어떤 천연 물질보다 50배 더 단단합니다. 이 강도는 완벽하게 쌓인 사면체의 구조에서 나옵니다. 각 탄소 원자는 강력한 공유 결합으로 4개의 이웃 원자들과 연결되어 있어, 이 구조물을 단단히 고정하는 굳건한 연결고리 역할을 합니다.

하지만 이런 겉보기의 완벽성에도 불구하고 100가지 이상의 결함이 있음이 알려져 있습니다. 이 많은 결함들 중에서 요르그 라흐트루프Jörg Wrachtrup가 가장 주목한 것은 '질소공동 센터(NV⁻ 센터)'입니다. 1990년대부터 이 독일 물리학자는 이 이상한 이름의 결함이 단순한 다이아몬드를 포켓용 양자 센서로 변모시킬 수 있다는 직감을 갖고 있었습니다. 결함을 장점으로 만드는 것, 바로 라흐트루프가 성공적으로 몰두한 일입니다. 그는 약 10년 간격으로 두 편의 주요 논문을 발표합니다. 이러한 공헌으로 NV⁻ 센터가 할 수 있는 경이로움을 명확히 보여줍니다. 곧 수십 개의 실험실이 이 아이디어를 채택하여 재료 물리학, 나노기술, 생물학, 심지어 의학에 적용됩니다.

그런데 이 유명한 NV⁻ 센터는 어떤 모습을 하고 있을까요?

때때로 일부 인공 다이아몬드에서는 2개의 탄소 원자가 구조에서 빠집니다. 그리고 그중 하나는 질소 원자로 대체됩니다. 더 특이한 것은 그 옆자리에는 아무것도 없습니다. 그저 원자의 부재, 구멍, 빈자리입니다. 이 '질소-빈공간' 쌍, 영어로 'NV Nitrogen Vacancy'[1]는 고체의 아름다운 균형을 깨뜨리고, 때로는 2개의 전자를 포획할 수 있습니다.[2] 이 구조는 정말로 작은 부피를 차지합니다. 한 변이 1나노미터도 안 됩니다. 아주 작지만 결코 무시할 수 없는 이 일종의 기형은 놀라운 특성들을 보여줍니다.

첫째, 이 결함은 형광을 냅니다. 녹색 레이저로 비추면 선명한 붉은색으로 빛나, 그 작은 크기에도 불구하고 쉽게 식별됩니다. 대부분의 형광 분자들이 몇 초 만에 소진되어 더 이상 빛을 내지 못하는 반면, NV⁻의 발광은 시간에 따라 놀랍도록 안정적입니다. 추가적인 장점은, 이 결함이 매우 작지만 다이아몬드라는 가장 강력한 방패로 보호받는다는 것입니다. 이는 코끼리 등의 진드기를 쪼아 먹는 작은 새, 소등쪼기새를 떠오르게 합니다. 작은 것과 큰 것 사이의 이상적인 공생 관계의 상징이죠.

이 원자 결함을 독특하게 만드는 것은 그 견고함, 크기, 밝기를 넘어서 자기성입니다. 여기에 갇힌 두 전자는 각각 작은 양자 자석, 즉 '스핀'을 가집니다. 기저 상태에서 이 두 스핀은 반대 방향을 취합니다. 하나는 남-북, 다른 하나는 북-남입니다. 따라서 서로 상쇄되어 NV⁻ 센터는 자기성을 띠지 않습니다. 전체 스핀은 0입니다. 반면에 결함을 들뜨게 하면 두 스핀은 즉시 정렬됩니다. 위를 가리키면 전체 스핀은 +1, 아래를 가리키면 -1입니다.[3] 요약하자면, NV⁻ 센터가 자기성을 띠게 되면 더 이상 효과적으로 형광을 내지 못합니다. 이 모든 설명에서 결국 이 특성만 기억하세요! 자기화되면 다이아몬드 안의 NV⁻ 센터는 덜 밝게 빛납니다.

이런 NV⁻ 센터가 빛나는 것을 보려면 단순한 현미경으로는 충분하지 않습니다. 공초점Confocal 현미경을 사용하는 것이 좋습니다.[4] 생물학자들이 선호하는 이 기기는 형광을 내는 대상을 특정적으로 확대하고 필터링할 수 있습니다. 그리고 NV⁻ 센터의 매우 큰 장점은, 지금까지 설명한 모든 특성이 상온에서 유지된다는 것입니다. 다른 많은 양자 기술과는 달리, 다이아몬드를 냉각하기 위한 복잡하고 비싼 극저온 장치가 필요 없습니다.

종종 제 강의에서 저는 학생들에게 상상의 발명품, 예를 들어 일상 온도에서의 투명성이나 공중부양을 제시하고 응용 방안을 제안해 보라고 합니다. 시도해 보시겠습니까? 자, 여러분은 방금 몇 개의 NV⁻ 센터를 포함한 작은 인공 다이아몬드를 받았습니다. 공초점 현미경도 사용할 수 있습니다. 여러분의 명성을 확고히 하고 명망 있는 과학상을 받기 위한 새로운 활용 방안을 찾으실 수 있겠습니까?

자, 이 대답을 NV⁻ 센터의 전문가인 장-프랑수아 로슈Jean-François Roch는 2006년 무렵 요르그 라흐트루프의 슈투트가르트 실험실을 방문했을 때 발견했습니다. 그는 도착 후 얼마 지나지 않아 독일 연구자가 그를 실험실로 초대해 최신 실험을 보여줬다고 제게 말했습니다. 라흐트루프은 원자힘 현미경 끝에 NV⁻ 센터를 가진 나노다이아몬드를 붙이는 데 성공했던 것입니다. 15년이 지난 후에도 로슈는 여전히 그때를 기억합니다.

"그걸 보자마자 즉시 생각했죠. 이건 자기장을 매핑하고, 비파괴적이며, 놀라운 해상도를 가졌어. 정말 대단해!"

라흐트루프는 방금 그에게 최초의 다이아몬드 자기광학 현미경을 소개한 것이었습니다. 이 장치는 이후 수많은 발견에 기여하게 될 천재적인 발명품이었죠.

다이아몬드 현미경

방 탈출 게임을 해보신 적이 있나요? 온갖 자물쇠와 수수께끼로 가득한 장소에서 1시간 안에 탈출구를 찾아야 합니다. 저는 이 게임을 너무 좋아해서 제 수업에도 영감을 받고 있습니다. 그중 하나로 학생들은 벽에 숨겨진 작은 자석을 찾기 위해 스마트폰을 사용해야 합니다. 여

여러분은 모든 스마트폰에 자기장, 즉 자석에 매우 민감한 작은 자력계가 내장되어 있다는 사실을 알고 계셨나요? 다이아몬드 현미경의 원리도 거의 같습니다. 다만 스마트폰 대신 NV⁻ 센터가 있죠. 이 결함은 일종의 '자성 반응성' 손전등처럼 작동합니다. 보통은 형광을 내며 아름다운 선명한 붉은색으로 빛나지만, 자석에 가까워지면 그 빛이 약해집니다. 제 학생들이 이것을 손에 넣었다면 벽 표면을 훑기만 하면 됐겠죠. 자석이 숨겨진 곳, 빛이 덜 밝아지는 부분을 볼 수 있었을 겁니다.

현미경도 같은 방식으로 작동합니다. 매니퓰레이터(실험용 미세 움직임 장치)의 팔 끝에 위치한 매우 가는 탐침 끝에는 NV⁻ 센터를 가진 작은 다이아몬드가 있습니다. 이 탐침은 검사할 시료의 표면을 따라 정교하게 움직입니다. NV⁻ 센터는 빛나지만 자기장 영역 위를 지나가면 금반지 앞에서 울리는 금속 탐지기처럼 형광이 최소 30% 감소합니다. 위치에 따른 형광 강도를 그래프로 그리면 비교할 수 없는 해상도와 민감도로 자기장 영역의 진정한 지도를 얻을 수 있습니다.[5]

그렇다면 이 탐지기에서 양자는 어디에 숨어 있을까요? 단순히 고전역학과 자기학의 문제 아닌가요? 사실 이 장치의 작동 원리는 다시 한번 양자 수준의 교묘한 조작에 기반합니다. 작동 과정에서 NV⁻ 센터의 준위는 정확히 2.87 GHz의 주파수로 진동하는 파동, 대략 전자레인지의 주파수로 여기됩니다. 탐침 끝이 자기 물체에 가까워지면 NV⁻ 센터의 스핀이 반응하고, 그것을 여기시키는 주파수가 약간 감소합니다.[6] 이 감소를 측정하기만 하면 해당 위치의 자기장을 측정할 수 있습니다.

이 새로운 현미경의 강점은 NV⁻ 센터의 미세한 크기와 민감성에서 옵니다. 마치 우리가 나노미터 크기의 금속 탐지기를 가진 것과 같습니다. 물론 해변의 모래 아래에 숨겨진 보물을 탐색하는 데는 더 많은 시간이 걸리겠지만, 탐지기가 소리를 내면 놀라울 만큼 높은 정확도로 금속 보물의 위치를 알 수 있을 것입니다. 다이아몬드 현미경은 한 줄씩 고된 작업으로 전체 이미지를 만드는 데 긴 시간이 걸립니다. 하지만 이 섬세한 스캔은 지금까지 접근할 수 없었던 세부 사항을 드러내고, 물리학자들은 이 섬세함과 정밀도를 사랑할 수밖에 없습니다!

  독일에서 첫 실험이 이루어지고 몇 년 후, 하버드 대학의 한 팀이 이 장치로 눈부신 시연을 합니다. 연구자들은 이 새로운 현미경으로 물질 규모에서 가장 작은 것을 측정하는 데 성공합니다. 다시 말해 스핀, 단 하나의 전자 스핀을 탐지합니다! 그들이 발표한 논문의 그림 4는 노란색 바탕에 갈색 얼룩을 보여줍니다. 이는 그 유명한 스핀이 방출하는 아주 작은 자기장을 시각화한 것으로, 지구 자기장보다 1만 배나 약한 자기장에 의해 스핀의 위치를 나타낸 것입니다. 이 성과는 놀라운 과학적 업적으로, 이 하나의 결과만으로도 이 초소형 다이아몬드 탐침이 제공하는 놀라운 가능성을 증명합니다.

자기장의 기상도

이렇게 NV⁻ 센터는 새로운 측정 도구를 제공합니다. 정말 놀라운 도구

다이아몬드를 센서로 사용하는 경우

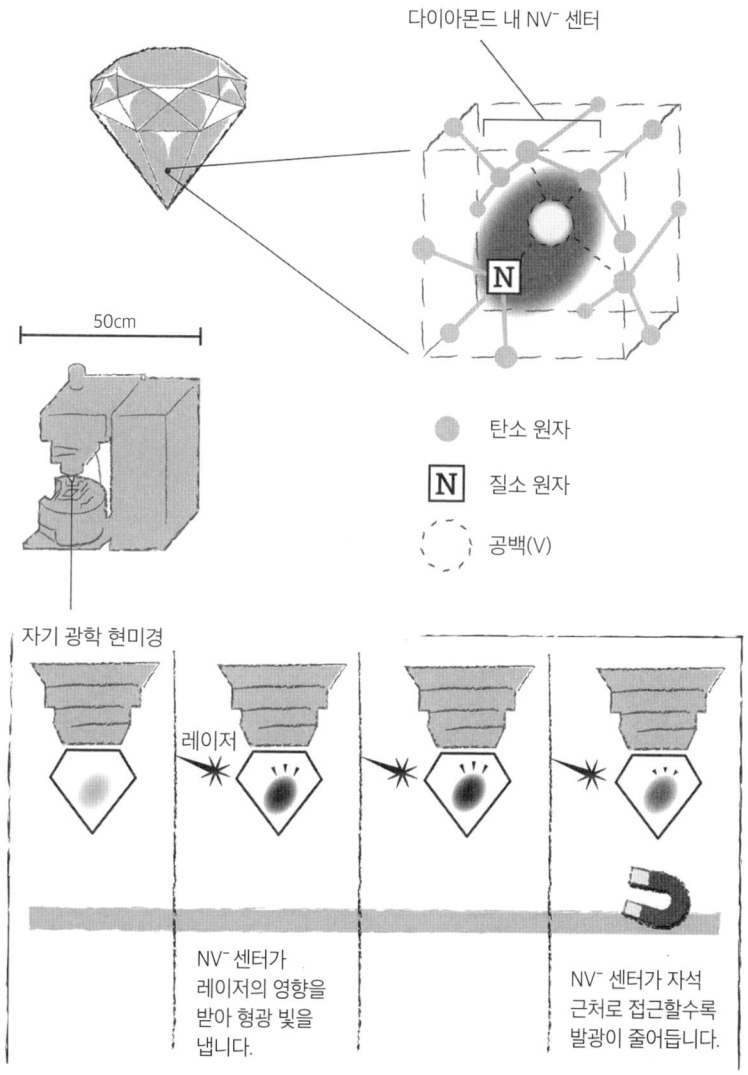

NV⁻ 센터는 자기장에 반응하는 다이아몬드 내부의 결함입니다. 이를 표면 위에서 이동시키면 그 밝기를 통해 자기장을 정밀하게 측정할 수 있습니다.

다이아몬드는 영원하다

죠! 이는 양자 기술의 모든 장점을 가지고 있으면서도, 일반적으로 수반되는 골치 아픈 문제가 빠져 있습니다. 여기서는 초고진공, 부피가 큰 펌프, 극저온 냉동기 등이 필요 없습니다. 정교한 광학 트랩이나 원자 기체를 준비하는 오븐을 생각할 필요가 없습니다. 다이아몬드는 조작 가능하고, 움직이고, 고정하고, 붙일 수 있습니다. 부서질 염려도 거의 없죠. 요약하자면, 상당히 이상적인 센서입니다.

얼마 지나지 않아 고체물리학자들은 이 기술이 궁극의 자기 카메라를 제공한다는 것을 깨달았습니다. 사클레 프랑스 원자력청CEA Saclay의 고체물리학 부서SPEC와 장-프랑수아 로슈가 일하는 ENS 파리-사클레Paris-Saclay 사이의 프랑스 협력 팀은 지금까지 간접적으로만 알려진 독특한 자기 현상을 관찰하는 데 성공합니다. 자성 물질에는 북-남 극이 다르게 배향된 다양한 구역이 공존합니다. 이것을 보고 있으면 프랑스 기상청의 풍향 지도가 연상됩니다. 파리 지역에서는 무역풍이 동쪽을 향하고, 부르고뉴에서는 북쪽을, 알프스에서는 서쪽을 가리키는 식이죠. 자, 자성 물질도 이와 비슷한 영역을 가지는데, 바람의 방향 대신 자석의 방향이 있습니다. 이해하셨나요?

물리학자들은 다이아몬드 현미경 덕분에 특정 화합물에서 구역과 그 경계를 관찰할 수 있게 되었습니다. 실험 중 이 경계 중 하나가 갑작스럽게 약 30나노미터 이동합니다. 10분이 지납니다. 다시, 경고 없이 경계가 이동합니다. 이 작은 자기 경계선은 마치 프랑스의 기상도가 실시간으로 변형되는 것처럼 널뛰기를 하는 것 같습니다. 곧 연구자들은 이 효과를 제어하는 데 성공합니다. 그들은 더 이상 시각화하는 데

만족하지 않고, 레이저로 경계벽을 조사해서 살짝 가열해 직접 변화를 발생시킵니다. 이 도구는 전례 없는 규모에서 물질 내부의 자기장을 제어하고 활용하는 데 사용됩니다.

이 새로운 유형의 현미경은 단순히 자성을 지도화하는 데 그치지 않습니다. 고등학교에서 배우듯이, 자기장이 있으면 전기장도 있습니다. 특히 모든 전류는 주위에 자기장을 만듭니다. 이 현미경은 미세한 전류를 감지할 수 있는 능력도 가지고 있습니다.

그래핀을 아십니까? 그래핀은 흑연 조각이 원자 한 층 두께로 줄어든 세상에서 가장 얇은 물질로, 완벽하게 육각형으로 정렬된 단일 탄소 원자 층입니다. 2017년, 호주의 한 연구 팀은 이 그래핀 한 층을 나노다이아몬드 집합체 위에 증착하는 데 성공합니다. 그래핀에 전류를 보내면 즉시 아래에 놓인 나노다이아몬드들이 전기장을 감지합니다. 예상했겠지만 여기까지는 특별할 게 없습니다. 그런데 이 상황에서 전류는 고요한 강의 흐름과는 거리가 멉니다. 오히려 거친 급류처럼 크게 변동하는 것 같습니다. 연구자들은 곧 보이지 않는 결함이 나노 물질에서 전류를 꺾이게 한다는 것을 발견합니다. 마치 하천 가운데의 바위처럼 말입니다. 나노다이아몬드는 이렇게 그들이 진정한 전기 지도를 그리고 나노미터 규모의 결함을 찾을 수 있게 해줍니다. 이는 아주 작은 단위에서 전기회로의 품질을 특정지을 수 있어야 하는 나노전자공학에서 매우 중요한 능력입니다.

암 치료?

아직 온도에 대해 이야기하지 않았네요. 나노다이아몬드는 자기장의 왕일 뿐만 아니라 온도계 역할도 합니다. 그것도 가장 정밀한 것 중 하나죠. 다이아몬드를 가열하면 팽창하고, 이는 NV⁻ 센터의 양자 준위를 변화시킵니다. 그러면 그것을 여기시키는 데 필요한 파동의 주파수가 감소합니다.

이제 관점을 바꿔봅시다. 이 주파수를 알려주면 저는 온도를 알려드릴 수 있는 거죠. 2013년, 하버드 대학의 한 팀은 이 특성을 생물학 분야에 활용하기로 결정합니다. 연구자들은 세포의 온도를 측정하기 위해 살아있는 세포에 몇 개의 나노다이아몬드를 조심스럽게 주입합니다. 그런 다음 아주 작은 금 조각을 추가하고 레이저로 조사합니다. 금 조각은 마치 활활 타는 숯처럼 가열됩니다. 나노다이아몬드는 즉시 몇 도의 온도 상승을 감지합니다. 연구자들은 또한 온도 상승이 10℃를 넘으면 세포가 죽는 것도 관찰합니다.

이 업적은 실험에 목마른 생물물리학자들의 변덕이 아닙니다. 일부 암 치료법은 정확히 이 메커니즘에 기반합니다. '광열 치료'라 불리는 이 치료법은 실제로 나노미터 크기의 금 조각을 환자의 암세포에 보내 선택적 가열로 암세포를 파괴할 수 있게 합니다. 나노다이아몬드는 여기서 가열 강도를 정밀하게 조정하는 데 도움을 줍니다. 그들은 우리 몸을 적절한 온도로 치료하기 위한 일종의 마이크로미터 크기의 온도 조절기 역할을 합니다.

이것이 양자 기술이 생물학과 의학 분야에 처음으로 진출한 사례입니다. 그리고 이것이 마지막이 아닙니다!

걸리버의 MRI

이 멋진 나노 온도계는 연구자들에게 새로운 아이디어를 주었습니다. 어떤 측정 기기라도 축소해서 세포 안으로, 원자 근처로, 또는 나노 부품 안으로 밀어넣는 것을 꿈꾸지 않을 사람이 누가 있겠습니까? 단순한 온도계 대신 부피가 아주 큰 장비, 병원 MRI, 그 유명한 '자기공명영상'을 택해 봅시다. 이 거대한 하얗고 시끄러운 원통은 방 전체를 차지합니다. 의사들이 질 좋은 영상을 얻으려면 환자는 기계에 오랫동안 들어가 있어야 합니다. 걸리버처럼 이것을 마음대로 축소할 수 있다면 어떤 놀라운 일을 할 수 있을까요? 우리는 거의 그 단계에 와 있습니다. 보시죠!

2013년 2월 1일, 매우 드물게도 과학 저널 사이언스Science에 똑같은 발견에 대해 서술하는 두 편의 논문이 연달아 게재되었습니다. 두 논문 모두 4개월 전, 정확히 같은 시기에 제출되었습니다. 경쟁 관계에 있는 두 연구 팀은 NV^- 센터를 사용해 핵자기공명NMR 실험을 수행하는 데 성공한 방법을 설명했습니다. 핵자기공명은 제가 정말 잘 아는 분야입니다. 거의 20년 동안 이 방법을 사용해 양자 물질을 연구했기 때문입니다. 제가 가장 좋아하는 이 도구가 어떻게 작동하는지 요약해

보겠습니다.

    간단히 말해 핵자기공명은 물질의 원자핵을 나노 카메라로 변환하는 기술입니다. 여러분 집에 아직 옛날식 라디오가 있나요? 좋아하는 방송국을 찾기 위해 다이얼로 주파수를 조절하는 그 라디오 말입니다. 수소 원자핵도 비슷하게 작동합니다. 정확한 주파수를 보내면 그들이 가지고 있는 작은 자석이 빠르게 회전하고 방향을 틉니다. 이 움직임을 감지하기만 하면 놀랍도록 정밀한 공명 피크$_{peak}$가 나타납니다. 원자핵 주변 환경의 작은 변화도 이 피크를 이동시키거나 그 행동을 변화시킵니다. 이것이 바로 핵심입니다. 피크가 얼마나 이동했는지 측정하면 원자핵 주변에 무엇이 있는지 알 수 있습니다. 이 기술로 분자 구조나 금속 내 전자의 특성을 찾을 수 있습니다. 하지만 대가가 큽니다. 원자핵의 자석이 너무 작아서 화면에 무언가 보이려면 수십억의 수십억 배만큼 많은 자석들이 필요합니다. 예전에 20밀리그램짜리 작은 초전도체 검은 가루 샘플로 단 하나의 공명 피크를 얻는 데 거의 하루 종일 연속 측정해야 했던 게 기억납니다. 완전한 곡선 하나에 꼬박 일주일이 걸렸죠. 아, 그때 NV$^-$ 센터 다이아몬드만 있었더라면….

    이 다이아몬드 덕분에 이제 젭토리터(Zepto는 10^{-21}) 단위의 샘플, 즉 리터의 10억분의 1의 10억분의 1의 다시 1000분의 1 정도의 미량 샘플로도 핵자기공명을 할 수 있게 되었습니다. 원자핵 스핀을 감지하기 위해 거대한 기계 대신 간단한 나노다이아몬드를 사용합니다. 샘플 바로 옆에 놓인 이 다이아몬드의 NV$^-$ 센터가 자기 센서 역할을 합니다. 스핀이 회전하기 시작하면 그 형광이 스핀의 리듬에 따라 흔들리고 변동합니다. 이 센서는 너무나 민감해서 수 입방 나노미터의 물질을, 즉 제가 예전에 썼던 샘플의 10억분의 1의 10억분의 1 정도를 탐지할 수 있습니다. 이로써 지난 60년간 물리학과 화학 실험실에서 축적된 모든 핵자기공명의 노하우가 나노 스케일에서도 유효해집니다. 낡은 것으로 새 것을 만드는 거죠!

그 증거로, 2018년 로날드 월스월스 Ronald Walsworth가 이끄는 팀은 아주 작은, 겨우 리터의 1억분의 1의 1000분의 1 정도의 샘플에서 비교적 복잡한 유기 분자의 구조를 결정하는 데 성공했습니다.

하지만 최고의 순간은 아직 오지 않았습니다. MRI 영상은 우리 장기의 이미지를 얻기 위해 핵자기공명과 정확히 같은 방법을 사용합니다. 따라서 연구자들은 곧 다이아몬드 나노-MRI를 만들어 작동시키고자 시도하게 되었죠. 2014년, 고분자 표면 몇십 나노미터에서 첫 이미지가 얻어졌습니다. 그 후 눈부신 발전이 이루어집니다. 곧 생물학자의 오랜 꿈인, 살아 있는 유기체 내 단일 생체 분자의 이미지를 얻을 수 있게 될 것입니다. '생체 내' 나노다이아몬드에 밝은 미래가 기다리고 있습니다.

역사의 아이러니

돌이켜보면 이 다이아몬드 혁명은 저에게 설욕의 느낌을 줍니다. 초전도체나 자석 같은 고체 물질을 연구하던 제 연구 초기 시절이 떠오르기 때문입니다. 그때 저는 양자물리학의 독창적이고 유망한 한 영역을 발견했습니다. 하지만 때로는 원자물리학과 나노물리학 동료들이 부러웠습니다. 그들은 개별 원자를 조작하고, 슈뢰딩거의 고양이를 다루며, 근본적인 양자 역설을 연구했죠. 반면 저는 검은 가루, 결정, 물질의 화학 문제를 다뤘습니다. 그들에게는 예산과 자리가 더 많이 돌아갔죠. 그 시절엔 '나노'가 왕이었으니까요.

그때 누가 다이아몬드 같은 오랫동안 알려졌던 고체가 그들을 제치리라 생각했겠습니까? 과학사는 정말 아이러니한 면이 많습니다. 고체 내 결함을 이해하려는 아이디어조차 닐스 보어Niels Bohr나 에르빈 슈뢰딩거Erwin Schrödinger 같은 양자학의 대가들이 아니라, 고체 물리학의 창시자 중 한 사람인 독일의 로버트 폴Robert Pohl에게서 나왔습니다. 일부 광물이 이상한 색을 띤다는 건 알려져 있었죠. 예를 들어 보통은 투명한 소금이 때로는 노랗게 변할 수 있습니다. 폴은 이 색들이 원자 결함에서 온다는 걸 이해했습니다. 그는 이를 '컬러 센터Colour Center'라는 멋진 이름으로 명명했죠. 소금 격자 내 이 작은 구멍 각각이 전자를 가두었고, 이는 빛이 반사되는 방식을 변화시켰습니다. 거의 한 세기 후 이 컬러 센터 중 하나인 NV⁻가 양자 센서의 스타가 됩니다. 그리고 이것은 시작에 불과합니다. 양자 컴퓨터, 심지어 양자 인터넷(16장 참조)에서도 주연 역할을 할지 모릅니다.

결국 물리학자들을 위한 스타워즈처럼, 우리는 여기서 시리즈의 두 번째 에피소드를 목격하고 있는 겁니다. 즉 '양자 고체의 역습'인 것이죠.

5 양자 컴퓨터를 그려보세요

양자 컴퓨팅 입문과
그 힘의 원천

양자 컴퓨터는 양자 기술 대중화의 도전이며, 아마도 궁극적인 도전일 것입니다. 가장 추상적인 이론과 가장 첨단 기술에 기반을 두고 있죠. 더 나쁜 것은 모든 환상을 싣고 다닌다는 겁니다. 첨단 기술계의 모험가들과 가장 대담한 투자자들을 끌어당기고 매혹합니다. 하지만 또한 두려움을 줍니다. 최근 구글이 '양자 우월성'에 도달했다고 발표하지 않았나요? 곧이어 중국도 따라 했죠.

거의 30년간 양자 물리에 몸담고 있는 저 같은 물리학자에게 이 새로운 영역을 대중화하는 것은 또 다른 큰 문제를 제기합니다. 이 주제가 학계를 양분하고 있기 때문입니다. 제 동료 중 일부는 고집스럽게 믿고 있지만, 다른 이들은 뒤에서 이것은 주로 자금을 끌어들이는 방법일 뿐이며, 이 컴퓨터는 결코 제대로 작동할 수 없을 거라고 말합니다.

노벨상 수상자 세르주 아로슈Serge Haroche는 1996년 동료 장 미셸 레이몽Jean-Michel Raymond과 함께 다음과 같이 썼습니다.

"우리는 예측 가능한 미래에 (양자 컴퓨터로) 대규모 계산을 하는 것은 불가능한 꿈으로 남을 거라 생각합니다.[1] … 대규모 양자 기계는 아마도 컴퓨터 과학자들의 꿈이겠지만, 실험가들에겐 악몽이기도 합니다."

마이크로소프트Microsoft 양자 허브에서 일하는 물리학자 리디아 바릴Lydia Baril은 훨씬 더 낙관적입니다.

"이렇게 많은 자원과 창의적이고 똑똑한 과학자들이 이 일에 매달리고 있으니 반드시 결실을 맺을 거예요. 진보가 빠릅니다. 대기업들과 많은 정부가 이를 믿는 것 같아요, 투자하는 돈의 양을 보면요."

반면 물리학자 자비에 와인탈Xavier Waintal은 훨씬 더 신중합니다.

"오늘날 작동할 수 있는 기술이 보이지 않습니다. … 이것은 그저 최적화만 하면 되는 엔지니어링 문제가 아닙니다. 우리에겐 아직 혁명, 모든 것을 바꾸는 아이디어가 필요하고, 그런 아이디어도 하나만으로는 부족합니다."[2]

대중화라는 '에베레스트산'을 어떻게 정복하고 의견을 형성할 수 있을까요? 이론 양자물리학의 북쪽 루트로? 기술적인 남쪽 면으로? 정보기술의 계곡인 동쪽으로? 아니면 응용 분야인 서쪽으로? 미리 말씀드리자면, 이 기계의 숨 막히는 가능성을 엿보고 그 실제 구현이 얼마나 섬세한지 이해하려면 모든 루트를 오르셔야 합니다.

명확히 말씀드리겠습니다. 2022년 현재, 가장 진보된 프로토타입조차 제대로 작동하지 않습니다. 더 정확히 말하면, 말을 배우는 아이처럼 더듬거립니다. 단 두세 개의 단어만 알고 겨우 소리를 내는 정도죠. 요컨대, 아직 유용한 건 아무것도 없습니다. 그렇다면 독자 여러분, 등반을 시작하기 전에 동기부여를 위해 함께 미래를 상상해 봅시다.

드디어 작동합니다!

과학자들이 기능적이고 효율적인 양자 컴퓨터를 설계하는 데 성공했다고 잠깐 동안만 가정해 봅시다. 이 기계는 일종의 양자적인 0과 1인 큐비트 100만 개로 구성되어 있으며, 모두 완벽하게 정렬되고 연결되어 있고, 결함 없는 나노미터 크기의 논리 게이트와 연결되어 있습니다. 이 컴퓨터는 미래형 건물을 차지하고 있고, 그 건물의 정면에는 아마도 'Q'라는 글자가 포함된 이름이 있을 것입니다. 예를 들어 Q-Machine, Q-Million, Q-Supreme처럼 말이죠.

우리는 현장에 갈 필요가 없습니다. 이 컴퓨터는 '클라우드'에서 접속 가능합니다. 제가 일하러 가는 기차 안에서 이 기계로 계산을 시작하기로 했습니다. 지난밤에 떠오른 아이디어, 구리와 산소, 이터븀으로 이루어진 새로운 소재를 테스트하고 싶습니다. 제가 상상한 구조를 Q-Machine의 인터페이스에 입력합니다. 계산을 시작합니다. 프로그래밍 방법을 알 필요 없이 모든 것이 심플하고 직관적인 인터페이스에 통합되어 있습니다. 한 시간 내에 시뮬레이션이 끝날 거라는 메시지가 옵니다.

연구실에 도착해서 결과를 확인했는데, 실망스럽습니다. 제가 상상한 소재는 별로 쓸모가 없어 보입니다. 초기 시도를 개선하기 위해 인공지능을 활용하라고 요청하며 프로그램을 다시 실행합니다. 오후 늦게 커피 휴식 시간에 간단한 이메일로 놀라운 소식을 듣습니다. 컴퓨터가 이터븀 대신 가돌리늄을 사용한 합금의 특성을 계산했다는 것입니다. 예측은 명확합니다. 이 소재는 상온에서 초전도체가 될 것이라는, 성배와도 같은 발견이죠. 즉시 동료 화학자에게 이 귀중한 화합물 공식과 제조법(이것도 컴퓨터가 제안했습니다!)을 보냅니다. 노벨상은 우리 차지입니다!

저만 이 기계를 사용하는 게 아닙니다. 바로 오늘 한 운송 회사가 선박 경로를 최적화하기 위해 이 기계를 사용했습니다. 엔지니어들은 최신 고속열차의 공기역학을 시뮬레이션하기 위해 동원했고, 한 의학 연구소는 새로운 암 치료법을 시뮬레이션할 수 있었습니다. 그리고 한 검색 엔진은 거대한 데이터베이스를 더 빠르게 정렬하기 위해 하루 종일 이 기계를 가동시켰습니다.

그렇다면 미래는 이상적인 세상일까요, 아니면 기술 찬양론자들의 꿈일 뿐일까요?

한 러시아인, 두 미국인, 그리고 세 가지 아이디어

이러한 초능력이 어디서 오는지 이해하려면 40년 이상 전으로 거슬러 올라가 양자 컴퓨터의 기원을 살펴봐야 합니다. 단 1년 만에 세 가지 주요한 기여가 양자 정보학의 기초를 놓았습니다. 한 명의 러시아인과 한 명의 미국인이 주연을 맡았죠. 공산주의 쪽에서는 유리 마닌 Yuri Manin을 소개합니다. 그는 물리학자가 아니라 수학자입니다. 순수한 수학을 연구하는 소비에트의 전통을 따르는 수학자죠. 그는 항상 수학 밖의 문제에서 영감을 얻기를 좋아했습니다. 당연히 양자 물리학에 관심을 가졌죠. 양자 물리학은 바로 그의 전문 분야인 대수학에 기반을 두고 있기 때문입니다.

1980년, 마닌은 난해한 제목의 책 《계산 가능한 것과 불가능한 것》을 출판합니다. 서문에 다가올 혁명의 기초가 제시되어 있는데, 그는 양자 오토마타(역자주: 스스로 움직이는 기계를 뜻하며, 기계 장치를 통해 움직이는 인형이나 조형물을 일컬음)를 상상합니다. 완전히 추상적인 기계로, 그 작동 원리가 양자역학의 원리에 기반을 둔 것입니다. 같은 시기, 철의 장막 건너편에서 미국의 물리학자 폴 베니오프 Paul Benioff는 한 논문을 발표합니다. 그도 역시 양자 법칙, 특히 슈뢰딩거 방정식에 의해 지배되는 컴퓨터를 상상합니다.

몇 달 후 매사추세츠 공과대학 MIT이 물리학과 계산 사이의 연관성에 대한 작은 워크숍을 개최합니다. 50여 명의 연구자만 참가했지만, 그냥 아무나가 아니었죠. 물리학계의 몇몇 스타들, 프리먼 다이슨 Freeman Dyson, 존 휠러 John Wheeler, 그리고 특히 휠러의 옛 제자인 유명한 리처드 파인만 Richard Feynman이 있었습니다. 파인만은 이미 양자 전기역학에 대한 연구로 노벨상을 받았습니다.

파인만은 천재적인 통찰력으로 유명합니다. 1959년, 그는 나노 기술의 탄생을 예언했었죠. 이번에는 물리학과 정보학 사이의 연관성에 대한 강연을 요청받았습니다. 제목은 '컴퓨터로 물리학 시뮬레이션하기'였죠. 평소의 탁월함으로 그는 전통적인 컴퓨터로는 양자 시스템을 시뮬레이션하는 것이 불가능하다는 것을 설명합니다. 그는 새로운 종류의 기계, 즉 자연의 양자적 행동을 완벽하게 모방할 양자 시뮬레이터를 상상할 것을 제안합니다. 이 아이디어는 베니오프와 마닌의 알고리즘 컴퓨터와는 약간 다르지만, 원리는 동일합니다. 세 연구자 모두 계산이나 시뮬레이션을 위해 양자 법칙에 기반을 둔 새로운 기술을 발전시키는 꿈을 꿉니다.

아이디어가 아무리 아름다워도 과학에서는 충분하지 않습니다. 현실과 맞닥뜨려야 합니다. 실험자들을 안내할 사용 설명서가 필요해집니다. 구체적으로 어떻게 그런 기계를 만들까요? 양자물리학의 또 다른 거물, 데이비드 도이치 David Deutsch가 이 원대한 목표에 힘을 보탭니다. 그는 마이크로프로세서를 작동시킬 양자적인 논리 게이트를 상상합니다. 도이치는 동료 리처드 조자 Richard Jozsa와 함께 알고리즘의 예,

즉 첫 번째 양자 컴퓨터 프로그램을 작성하는 데 성공합니다.

마지막 개척자인 수학자 피터 쇼어Peter Shor를 소개합니다. 1994년, 이 미국 과학자는 숫자를 소수의 곱으로 분해할 수 있는 양자 알고리즘을 차례로 발명합니다. 이 소인수분해는 암호학자들이 매우 선호하는 방법이죠. 예를 들어 481이 13과 37의 곱이라는 것을 찾아낼 수 있습니다. 그러나 무엇보다도 쇼어는 자신의 양자적 해법이 전통적인 컴퓨터보다 믿을 수 없을 만큼 더 빠르게 작동한다는 것을 증명합니다 (6장 참조). 이 증명은 사람들에게 강한 인상을 줍니다. 과학 커뮤니티는 기계가 어떤 모습일지뿐만 아니라, 그것이 제공할 수 있는 숨 막히는 전망까지 이해하기 시작합니다.

주목할 점은, 애플이나 휴렛-패커드와 달리 양자 컴퓨터는 실리콘 밸리의 한 차고에서 젊은 개발자들에 의해 상상된 것이 아니라는 것입니다. 마이크로소프트, IBM, 구글 같은 대기업의 엔지니어들이 설계한 것도 아닙니다. 처음부터 전자공학에 대해 아무것도 모르는 이론가들에 의해, 그것도 대학에서 상상되었습니다. 그들의 동기는 무엇이었을까요? 돈을 벌려고? 특허를 내려고? 전혀 아닙니다. 제 생각에는 그들은 단순히 호기심에 이끌렸던 것 같습니다. 순수한 지적 즐거움으로, 이익과는 거리가 먼 곳에서, 그들은 추상적이고 거의 터무니없는 질문을 던졌습니다. 만약 컴퓨터가 양자 법칙에 지배된다면 그것은 어떤 모습일까?

컴퓨터는 그 힘을 어디서 끌어내는가?

미래의 이 기계의 가치를 이해하려면 일반적인 정보 기술로 잠깐 우회해야 합니다. 현재의 컴퓨터는 이진법 언어를 사용해 작동합니다. 이 기초적인 언어의 각 글자는 '비트'라 불리며 0 또는 1의 값을 가집니다. 신기하게도 이 0과 1의 반복만으로 가능한 모든 데이터를 설명할 수 있습니다. 정보 기술의 성공은 마이크로프로세서가 수십억 개의 비트를 고속으로 처리할 수 있는 놀라운 능력에 기반합니다.

마닌이나 베니오프가 상상한 양자 컴퓨터도 기존 컴퓨터와 동일하게 작동하지만, 양자 비트인 '큐비트'를 사용합니다. 이 책의 초반부에 나온 진공 속에 갇힌 원자를 기억하시나요? 그 원자는 마치 사다리 위의 개구리처럼 갑자기 한 에너지 준위에서 다음 준위로 뛸 수 있었습니다. 어떤 경우에는 심지어 두 상태에 동시에 있을 수도 있었죠, 사다리의 두 디딤대 위에 말입니다. 바로 이것이 큐비트입니다. 두 준위에 있을 수 있는 원자, 때로는 아래에 있어 0이라 부르고, 때로는 위에 있어 1이라 부릅니다.

사실 원자만이 유일한 큐비트는 아닙니다. 두 가지 가능한 편광 상태의 광자, 두 방향의 스핀, 심지어 동시에 두 방향으로 전류가 흐르는 작은 전기 회로일 수도 있습니다. 얼핏 보면 이 큐비트는 전통적인 비트와 비슷해 보입니다. 한 가지 차이점만 있죠. 모든 양자 입자는 상태의 중첩을 통해 동시에 두 준위를 차지할 수 있습니다. 마치 유명한 슈뢰딩거의 고양이처럼 말이죠. 따라서 큐비트는 0일 수도, 1일 수도, 또는 사용자의 선택에 따라 둘 다 조금씩 될 수도 있습니다. 바로 이 가능성이 모든 차이를 만듭니다.

한번 살펴보죠. 0, 1 또는 동시에 둘 다 될 수 있는 첫 번째 큐비트를 생각해 보세요.

이제 첫 번째 큐비트와 얽힌 두 번째 큐비트를 등장시킵시다. 이 얽힘에 대해서는 15장에서 더 자세히 설명하겠습니다. 지금은 두 큐비트가 이제 밀접하게 연결되어 그들의 상태가 서로에게 영향을 미치고 함께 기술된다는 것만 받아들이죠. 이들은 네 가지 가능한 조합만 제공합니다. 0과 0, 0과 1, 1과 0, 1과 1. 하지만 표준 비트 2개와는 달리, 이 큐비트들은 얽혀 있으므로 네 가지 상태 사이에서 동시에 중첩될 수 있습니다.

세 번째 큐비트를 더합시다. 가능한 구성이 증가하여 총 8개가 됩니다. 000 또는 001 또는 010 또는 011 또는 100 또는 110 또는 101 또는 111.

이제 네 번째 큐비트를 얽히게 합시다. 조합의 수가 다시 두 배가 됩니다. 이런 식으로 계속됩니다. 새로운 큐비트가 이전 것들에 추가될 때마다 가능성의 영역이 두 배가 됩니다. 특히 얽힘의 마법으로 모든 조합이 중첩되고 공존할 수 있습니다. 따라서 양자 정보 기술은 새로운 큐비트가 추가될 때마다 조합의 수가 두 배로 늘어나는 데서 그 힘을 끌어냅니다.

이온 트랩 전문가인 크리스토퍼 먼로Christopher Monroe는 강연을 시작할 때 좋은 소식, 나쁜 소식, 그리고 다시 좋은 소식을 전하는 것을 좋아합니다. 첫 번째 좋은 소식은, 이 새로운 큐비트가 더해질 때마다 조합이 두 배로 늘어나는 것이 우리에게는 익숙하지 않은, 기하급수적인 성장으로 이어진다는 겁니다. 예를 들어, 30여 개의 큐비트만 있으면 브리태니커 백과사전의 모든 단어를 코딩하기에 충분할 것입니다. 그리고 300개의 큐비트는 인류가 생산한 모든 데이터를 설명할 수 있을 것입니다.

이제 나쁜 소식입니다. 이 중첩을 측정할 때 그것은 갑자기 하나의 조합으로 축소됩니다. 백과사전의 모든 단어를 중첩시켰다고 생각했나요? 글쎄요, 그걸 읽으려 할 때 '사과'라는 단어만 나타납니다. 이는 이미 설명했던 '파동 묶음의 축소'입니다. 측정이 양자 파동 함수를 강제로 갑자기 수축시켜 단 하나의 결과를 얻게 만드는 것이죠.

중첩의 모든 장점이 무無로 돌아가는 것 같습니다. 다행히도 먼로는 마지막에 좋은 소식을 약속했습니다. 측정되기 바로 전, 큐비트들은 중첩된 파동처럼 행동합니다. 그것들을 조심스럽게 조작할 수 있다면 이들은 서로 간섭하여 단 하나의 파동만 살아남게 할 것입니다. 측정할 때 여러분은 그 파동이 나타나는 것을 볼 것이고, 원하는 결과를 얻게 될 것입니다.

수영장 안의 큐비트

이 기묘한 양자 기계에서 정말로 무슨 일이 일어나는지 이해하기 위해서는 좋은 은유만한 게 없습니다. 양자 마이크로프로세서를 큰 수영장으로 상상해 보세요! 각 큐비트는 수면 위에서 작은 파도처럼 일렁입니다. 지금은 약간 무질서한 상태입니다. 모든 파도가 서로 중첩되어 있죠. 하지만 질서를 부여할 수 있습니다. 이를 위해 수영장 감독관들이 여러 명 물에 들어갑니다. 각자 큰 노를 들고 있죠. 그들은 특정 지점에 자리를 잡습니다. 파도를 너무 방해하지 않도록 아주 조심스럽게요. 모든 준비가 끝나면 계산이 시작됩니다.

모두 준비되었나요? 제 신호에 맞춰 … 준비 … 출발!

각 선수는 베네치아의 곤돌라 노 젓는 사람들처럼 주기적인 움직임으로 노를 능숙하게 저어 나갑니다. 파도들이 반응합니다. 어떤 것들은 더해지고, 또 어떤 것들은 상쇄됩니다. 겉보기에 혼란스러웠던 것이 점점 이상한 고요함으로 바뀝니다. 거의 모든 파도가 사라졌습니다. 하나만 빼고요. 그 하나가 점점 더 커집니다. 곧 수영장 표면 전체를 오가는 웅장한 움직임이 됩니다. 이 거대하고 유일한 파도가 알고리즘의 해답입니다. 이제 사진을 찍기만 하면 됩니다.

이것이 바로 양자 중첩을 활용하기 위한 목표입니다. 많은 수의 양자 파동을 다양한 상태로 생성하고, 정확한 프로토콜에 따라 섬세하게 간섭시키며, 혼돈에서 단 하나의 조합이 나타나기를 바라고, 그것을 측정하여 기대하던 답을 얻는 것입니다.

이 모든 것은 양자 파동이 서로 간섭할 수 있다는 가능성에서 기인합니다. 때로는 더해지고 강화되며, 또 때로는 서로 상쇄되고 파괴됩니다. 수영장 감독관들처럼 이 파도들을 교묘하게 간섭하고 섞이도록 조작할 수 있다면 모든 파도가 상쇄되고 단 하나만 남아 원하는 문제의 해답을 제공할 수 있습니다.

이 작업의 어려움은 파동의 양자성의 그 믿을 수 없는 연약함에 있습니다. 단순히 파동들을 간섭시키기만 하면 되지만, 절대로 측정해서는 안 됩니다. 맨 마지막 순간을 제외하고 말이죠.

출발합시다!

갈 길이 이제 명확해 보입니다. 기계를 만들고, 프로그래밍하고, 사용하면 됩니다. 하지만 아쉽게도 말하기는 쉽지만 실행하기는 어렵습니다. 이 단계들은 물리학, 정보학, 극저온공학, 전자공학 모두에 기반합니다. 이 분야들은 대개 타 분야와 협업하는 데 익숙하지 않습니다. 한쪽은 모든 것이 극저온 체임버와 정전기 잡음을 다루는 쪽에서 결정될 것이라 생각할 때, 다른 쪽은 규모 확장과 소자 제작용 클린룸을 생각합니다. 한쪽이 레이저의 출력과 안정성을 생각할 때, 다른 쪽은 이미 전 세계 허브들을 연결하는 양자 인터넷과 클라우드를 상상합니다. 적어도 모든 관계자들은 이 일이 믿을 수 없을 만큼 복잡할 것이라는 데는 동의합니다.

가장 큰 기술적 어려움은 큐비트의 극단적인 취약성에서 옵니다. 물리학자 존 프레스킬John Preskill의 말을 빌리자면, 모순적이게도 우리는 모든 것과 그 반대를 원합니다. 중첩되기 위해 상호작용하지만, 충분히 오래 살아남기 위해서는 실험의 나머지 부분과 상호작용하지 않아야 하는 큐비트들. 그러면서도 수정하고 측정하려면 실험과 상호작용해야 합니다. 지옥과도 같은 일이죠!

해결책 측면에서는, 우리는 아직 이 분야의 선사 시대에 있습니다. 마치 1950년대의 엔지니어들이 첫 컴퓨터를 설계할 때 진공관과 트랜지스터 사이에서 망설였던 것처럼요. 여기서도 결정적인 선택은 아직 이뤄지지 않았습니다. 큐비트를 하드웨어적으로 구현하는 데만 해도 최소 일곱 가지의 경쟁 기술이 있고, 모두 서로 완전히 다릅니다.

프로그래밍 측면에서도 나아지지 않습니다. 여러 알고리즘이 이미 이론적으로 존재하지만, 실제로 구현하려면 많은 문제가 생깁니다. 컴퓨터를 프로그래밍하는 것이 최선의 해결책인지조차 명확하지 않습니다. 처음 상태만 선택하고 스스로 진화하도록 놔두는 게 더 생산적일 수도 있습니다(역자주: Quantum annealer를 염두에 둔 설명).

이런 불확실성 앞에서 아직 너무 이르다고, 모든 게 더 명확해질 때까지 몇 년 후에 다시 와야 한다고 판단하는 게 합리적일 수도 있습니다. 이 책을 쓰기 전에 저도 선입견이 있었습니다. 이 분야가 아직 초기 단계처럼 보였고, 탐색되는 모든 경로를 구분하기 어려웠죠. 하지만 제가 틀렸습니다. 오히려 지금이 실험실을 방문하고 그들의 대담한 시도를 관찰하기에 가장 좋은 시기입니다. 우리는 현재 새로운 과학 분야, 양자 정보학의 탄생을 목격하고 있기 때문입니다. 지금이야말로 우리가 관심을 가져야 할 때입니다. 자, 출발합시다!

보편적인 기계

이온을 포획하여
이상적인 양자 컴퓨터를 구축하는 곳

영상은 단 1분짜리입니다. 15명 정도의 '정장 차림' 남녀가 화려한 대리석 발코니에서 카메라를 향해 모여 있습니다. 맨 앞에 반짝이는 거대한 징이 무대를 장악하고 있습니다. 갑자기 징이 교회 종처럼 울리기 시작합니다. 등장인물들은 박수를 치며 서로 축하하고 환호하며 포옹합니다. 여러분은 방금 2021년 10월 1일 뉴욕 증권거래소 개장을 목격하였습니다.

이 장면은 평범해 보일 수 있습니다. 주식 거래 개시식은 종종 상장하는 기업의 남녀 사업가들에 의해 시작되니까요. 그러나 그날 발코니에는 참석자들 중에 여러 명의 양자물리학자들이 포함되어 있었습니다. 그들 중 크리스토퍼 먼로 Christopher Monroe가 눈에 띕니다. 친한 사람들은 '크리스'라고 부르는데, 그는 그 세대에서 가장 뛰어난 실험물리학자 중 한 명입니다. 그는 칼 와이먼Carl Wieman, 에릭 코넬Eric Cornell, 데이비드 와인랜드David Wineland 같은 거물들(모두 미래의 노벨상 수상자들임) 밑에서 수업을 받았습니다. 먼로 자신도 이온을 큐비트로 사용하는 최초의 실험들을 수행했습니다. 몇 년 전 그는 '아이온큐IonQ'를 만들었는데, 상장한 최초의 양자 기업입니다. 이 스타트업이 바로 포획된 이온을 기반으로 하는 양자 컴퓨터를 만들겠다고 제안하고 있습니다.

순수 물리학자인 그가 동료들과 함께 자본주의의 상징인 증권거래소에서 "아이온큐! 아이온큐! 아이온큐!"를 외치는 모습은 무척 상징적입니다. 그는 자신이 뭘 하는지 확신하는 듯 보입니다. 이 스타트업은 며칠 만에 5억 유로에 가까운 투자금을 모았으니까요.

여러분도 아이온큐 주식을 사시겠습니까? 너무 빨리 투자하기 전에, 먼로와 그의 동료들이 개발하겠다고 제안하는 프로토타입을 자세히 살펴보시기를 권합니다.

레이저 게임에 오신 것을 환영합니다

먼로와 그의 동료들이 개발한 컴퓨터에서는 이온들이 큐비트 역할을 합니다. 이들이 상태의 중첩으로 계산을 수행하게 됩니다. 상기하자면 이온은 전자 하나가 부족한 원자입니다. 이 기계의 아이디어는 1장에서 언급했던 1980년대 연구에서 비롯되었습니다. 당시 연구자들은 전기 트랩에서 단일 이온을 길들이려 했었죠. 그 연구자들은 당시 양자 컴퓨터에 관심이 없었습니다. 그들은 오히려 원자 시계와 시간 측정 쪽의 응용을 생각했습니다. 하지만 그들조차도 모르는 사이에 하루 종일 완벽한 큐비트를 다루고 있었습니다.

이 컴퓨터는 최첨단 실험 그 자체처럼 보입니다. 이 컴퓨터를 일반적인 책상이나 컴퓨팅 센터에서는 찾을 수 없을 것입니다. 큐비트를 만들고 조작하려면 가장 정교한 물리학 도구들과 가능한 한 가장 깨끗하고 재현 가능한 환경이 필요합니다. 요컨대 진정한 원자 물리학 실험실이 필요한 것입니다.

실험실 문을 열어 봅시다. 첫 번째 놀라운 점은 이 컴퓨터가 전혀 우리가 익숙한 형태의 컴퓨터 같지 않다는 겁니다. 키보드도, 화면도, 마이크로프로세서도 없습니다. 대신 최고의 공상과학 영화에 나올 법한 장치가 자리잡고 있습니다. 작은 창문들이 있는 금속 체임버가 중심을 차지하고 있습니다. 마치 알루미늄 색깔의 문어 같은데, 거기서 각종 전기 선들이 무수히 뻗어나와 시끄러운 펌프에 연결된 큰 파이프들과 함께합니다. 레이저와 렌즈들의 포병대가 이 모든 것에 참여합니다.

주요 활동은 체임버 안, 작은 창문 중 하나의 뒤에서 펼쳐집니다. 내부에는 우주와 거의 동일한 수준의 진공 상태가 유지되고 있으며, 나비넥타이 모양의 작은 실리콘 받침대가 있습니다. 이 금속이 입혀진 실리콘 구조물은 전자기 트랩을 만듭니다. 이온들이 여기에 놓이면 평판 위 몇 밀리미터에서 공간상에 뜬 상태로 직선을 따라 정렬되도록 강제됩니다. 각각의 이온은 서로 단 몇 마이크로미터만 떨어져 있습니다. 이 이온들이 32개 있는데, 작은 양자 군대처럼 정렬되어 진공 속에 떠 있습니다.

장치를 작동시키려면 각 이온의 상태를 개별적으로 조작해야 합니다. 초점이 잘 맞춰진 레이저로 겨냥해서 말이죠. 그래서 주 광선이 32개의 광선으로 쪼개집니다. 이온당 하나씩. 우리는 이제 양자 놀이 공원, 사격장에 있습니다. 아니, 오히려 '레이저 서바이벌 게임'이라고 할까요? 센서로 가득한 이상한 조끼를 입은 플레이어들이 스타워즈 식으로 레이저 광선을 쏘며 대결하는, 젊은이들에게 아주 인기 있는 곳 말입니다.

여러분은 32명의 사수 중 한 명입니다. 발사 준비 완료! 여러분은 3번 이온을 맡고 있습니다. 첫 번째 명령이 이어폰으로 들어옵니다. "모든 사수, 광학 펌핑!" 동료들과 함께 즉시 발사합니다. 32개의 레이저 광선이 모든 이온을 조사하여 가장 낮은 에너지 상태, 바닥 상태로 만듭니다. 이제 모두 0 상태입니다. 이제 춤이 시작될 수 있습니다.

곧 두 번째 명령이 귀에 들어옵니다. "3번 이온, 중첩!" 여러분 차례입니다. 짧고 강렬한 두 발을 동시에 쏩니다. 이 이중 발사로 여러분의 이온만 0과 1 상태 둘 다에 중첩됩니다. 발사 시간을 조정함으로써 원하는 정확한 비율도 선택할 수 있습니다. 예를 들어 0이 1/3, 1이 2/3이라든지요. 하지만 여러분 혼자가 아닙니다. 몇몇 이웃들도 자신들의 이온을 원격으로 조작하기 위해 발사합니다. 쉴 틈이 없습니다. 이어폰이 다시 울립니다. "주의! 신호에 맞춰 3번 이온과 12번 이온을 얽히게 하라." 오른쪽으로 12번째 병사를 보니 그도 여러분을 알아챘습니다. 동시에 행동해야 합니다. 그에게 신호를 보냅니다. 셋, 둘, 하나…

발사! 그의 권총과 여러분의 권총이 일제히 발사됩니다. 충격으로 3번 이온은 뒤로 밀려나고, 12번 이온은 앞으로 나아갑니다. 이제 둘 다 대열에서 벗어나 얽혀 있습니다.

이 게임은 몇 분 더 계속됩니다. 완벽하게 조율된 음악 악보를 따르듯, 작전 지휘관은 정확한 템포로 32명의 사수에게 차례로 명령을 보냅니다. 여러 차례의 짧고 집중된 발사가 이어집니다. 때로는 단일 이온에, 때로는 2개를 동시에 겨냥합니다. 마침내 모든 것이 잠잠해집니다. 그때 여러분 뒤로 마지막 사수가 나타납니다. 강력한 레이저로 무장한 그는 모든 이온에 동시에 최종 펄스를 쏩니다. 일부 이온들이 빛나기 시작하고, 다른 이온들은 어두운 채로 남습니다. 이렇게 이온들은 자신의 상태를 신호합니다. 간단한 사진 한 장으로 결과를 해독하고, 그것을 32개의 0과 1로 변환할 수 있습니다.

01001101001011010111010101110010

빙고! 여러분의 작은 이온 군대가 초기화, 1개 또는 2개 큐비트 조작, 그리고 측정이라는 세 단계를 따라 첫 번째 양자 알고리즘을 수행했습니다.

이 레이저 게임의 무대 뒤편을 들여다보기 전에 여러분을 경이로운 순간으로 초대하고 싶습니다. 공중에 뜬 상태에서 하나씩 레이저에 조사되는 이 수십 개의 입자들은 과학의 작은 경이입니다. 1980년 페터 토셰크Peter Toschek가 포획한 단일 바륨 원자에서 얼마나 먼 길을 왔습니까! 이 부유하는 원자 열을 길들이기 위해 어떤 기술적 진보가 있었습니까! 처음에는 순수하게 이론적이었던 양자 컴퓨터의 아이디어가 여기에서 가장 단순하고 우아한 형태로 구현됩니다. 큐비트당 한 개의 원자, 원자당 한 개의 레이저면 끝인 거죠.

이상적인 컴퓨터

이 이온들의 집합체가 어떻게 제대로 된 양자 계산기가 될 수 있을까요? 이에 답하기 위해 물리학자 데이비드 디빈첸조David DiVincenzo는 이런 유형의 기계가 지켜야 할 마치 사양서와 같은 다음 다섯 가지 기준을 제안합니다.

1. 여러 개의 큐비트를 만들 수 있어야 한다.
2. 그것들을 초기화할 수 있어야 한다.
3. 개별적으로 또는 2개씩 게이트로 조작할 수 있어야 한다.
4. 그것들을 측정할 수 있어야 한다.
5. 큐비트는 계산을 끝낼 시간이 충분할 만큼 오래 살아남아야 한다.

1995년에 이그나시오 시라크Ignacio Cirac와 피터 졸러Peter Zoller는 결정적인 단계에 도달하며 구체적인 해결책을 제시했습니다. 처음으로 그들은 단순한 형식적 아이디어를 기술하는 것이 아닌, 바로 포획된 이온을 기반으로 한 실체적인 수행 방법을 제안합니다. 모든 것은 이온의 전하와 스핀에 기반합니다. 이온들은 전기적으로 전하를 띠어 서로 밀어냅니다. 이것이 쿨롱 상호작용입니다. 각 이온은 또한 스핀을 가지고 있는데, 이는 이온이 들뜨지 않으면 0, 들뜨면 1이 될 수 있는 작은 양자 자석입니다. 이것이 이온을 이상적인 큐비트로 만듭니다. 처음에 모든 이온은 평온하게 스핀 0입니다. 그 값들을 바꾸기 위해 이들을 들뜨게 하고, 동시에 1과 0 상태로 중첩시키는 레이저 펄스를 보냅니다.[1]

두 큐비트를 연결하는 계산을 위해서는 두 이온을 함께 결합할 수 있어야 합니다. 이를 위해 연결할 각 이온의 양쪽에 2개의 레이저 광선을 사용합니다. 각 이온은 2개의 레이저 사이에 갇히게 됩니다. 레이저의 힘이 이온에 적용하여 이온이 대열에서 벗어나게 합니다.

이온의 움직임은 그 스핀에 따라 달라집니다. 목표 이온이 스핀 1을 가지면 뒤로 물러나고, 스핀 0을 가지면 앞으로 나아갑니다. 따라서 두 이온이 같은 스핀을 가지면 함께 앞으로 나아가거나 뒤로 물러납니다. 하지만 서로 정렬된 상태, 즉 현상 유지가 됩니다.

상황은 두 목표 이온이 다른 스핀을 가질 때 복잡해집니다. 이 경우 하나는 앞으로 가고, 다른 하나는 뒤로 가죠. 대칭성이 깨지고, 이들은 특이한 방식으로 상호작용하게 됩니다.[2] 이제 두 이온은 얽힘 상태가 됩니다. 몇 번의 간단한 레이저 펄스만으로 군중에서 막 나타난 두 연인처럼 서로를 묶어놓기에 충분합니다. 이 작업은 이온 사슬의 어떤 쌍에도 수행할 수 있습니다. 컴퓨터 용어로 말하자면 레이저가 방금 2큐비트 논리 게이트를 실행한 것이죠. 이는 양자 프로그래밍의 핵심 요소입니다.

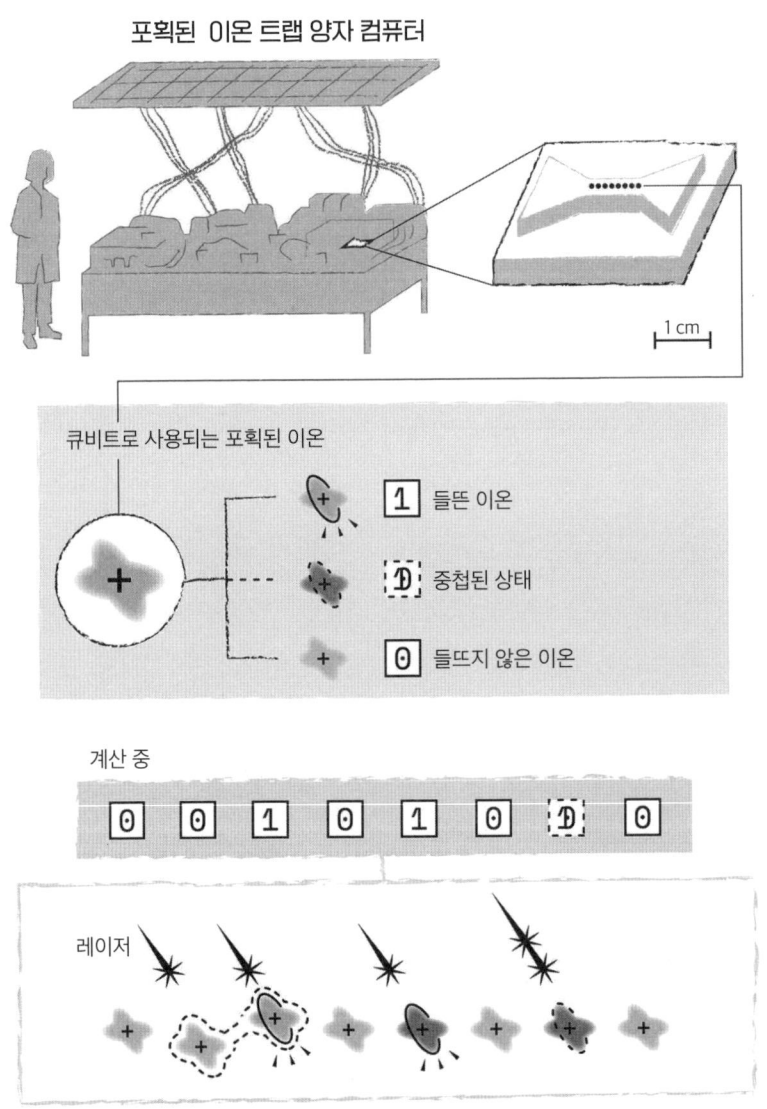

이 컴퓨터에서 나란히 배치된 이온들이 큐비트 역할을 합니다. 레이저를 사용하여 이온들을 들뜬 상태나 들뜨지 않은 상태로 만들 수 있으며, 2개씩 얽힐 수 있습니다.

마지막으로, 계산이 끝난 후 이온의 상태를 측정하기 위해 그들의 형광 특성을 사용합니다. 적절한 빛으로 양자 입자를 비추면 스핀 1을 가진 이온만 반응하여 형광을 발산합니다. 초기화, 양자 게이트, 측정, 모든 구성 요소가 준비되었습니다. 이온 컴퓨터는 사용 준비가 완료되었습니다.

이 이온 기반 양자 컴퓨터는 많은 장점을 가지고 있습니다. 땜질이나 케이블이 필요 없고, 이온들은 단순한 레이저 펄스로 제어됩니다. 설정은 펄스의 형태만 조정하면 언제든 수정 가능합니다. 2개의 이온뿐만 아니라 3개, 4개, 혹은 그 이상도 얽힐 수 있는데, 모든 이온이 서로 장거리 전기적 상호작용을 하기 때문입니다. 또 다른 장점은 각 큐비트가 완벽하고 이웃들과 절대적으로 동일하다는 것입니다. 사슬 어디에서든, 아니 전 우주에서 무작위로 택한 두 이온은 정확히 같은 특성, 같은 양자 수준, 같은 스핀을 가집니다. 이것이 이온 컴퓨터가 보편적인 이유입니다. 마지막으로, 신중하게 격리된 단일 이온은 1시간 동안 중첩 상태를 유지할 수 있는 반면, 최고의 초전도 큐비트도 기껏해야 1000분의 1초 정도만 중첩 상태를 유지합니다.

현실로의 잔인한 귀환

이론상으로는 이온 컴퓨터가 '규모의 확장'을 할 모든 준비가 되어 있는 것 같습니다. 큐비트 수를 늘리기만 하면 되죠. 그러면 어떤 알고리즘도 이 양자 컴퓨터를 선택하지 않고는 못 배길 겁니다. 하지만 2022년 초 현재, 포획된 이온 수의 기록은 100개를 넘지 못했습니다. 엔지니어들이 100개 대신 100만 개의 이온을 사용하지 못하게 하는 장애물은 무엇일까요? 양자 컴퓨팅의 최근 역사가 보여주듯이, 컴퓨터의 성능을 높이는 데 큐비트를 추가하는 것만으로는 안타깝게도 충분하지 않습니다. 실험 물리학의 가혹한 현실은 간단히 무시할 수 없습니다. 이온 컴퓨터는 아마도 밝은 미래가 있겠지만, 지금으로서는 너무 제대로 작동하지 않아 어떤 의미 있는 계산도 수행하지 못했습니다. 변명하자면 이 상황은 이온 컴퓨터만의 문제가 아닙니다. 어떤 경쟁자도 진정으로 유용한 계산을 수행하지 못했으니, 완전한 실패라 할 수 있죠.

이온에 있어서 가장 큰 문제는 진공 상태를 유지하는 것입니다. 이온이 방해받지 않도록 실험 전체가 다른 입자가 침투할 수 없는 환경에서 진행되어야 합니다. 그러나 실험실의 진공은 결코 완벽하지 않습니다. 항상 이곳저곳을 떠다니는 몇몇 분자들이 있죠. 상온에서 이 분자 중 하나가 대략 한 시간에 한 번꼴로 이온과 충돌합니다. 이때 이온은 강하게 제 위치에서 밀려납니다. 이로 인해 전체 균형이 깨지고 이온 사슬이 무너져 처음부터 다시 시작해야 합니다. 더 심각한 것은 수천 개의 이온의 경우 이 '치명적인' 사고가 매초 일어난다는 것입니다.

이는 진짜 심각한 문제입니다. 처음부터 끝까지 계산을 수행하려면 시간이 절대적으로 필요하기 때문이죠. 두 원자를 얽히게 하는 데 각각 수십 마이크로초가 필요합니다. 아주 짧은 시간처럼 들리겠지만, 이름값 하는 알고리즘은 최소한 수만 번의 연산으로 구성됩니다. 그 사이에 주변을 떠다니던 분자가 모든 것을 무너뜨릴 수 있습니다. 계산을 여러 부분으로 나눌 수도 없습니다. 최종 측정하기 전에 간섭을 완전히 발달시켜야 하기 때문이죠. 유일한 해결책은 진공 상태를 개선하는 것입니다. 연구소들은 이미 컴퓨터 전체 체임버를 절대 영도에서 4도 가까이 되는 액체 헬륨으로 냉각시키는 작업을 시작했습니다. 이렇게 낮은 온도에서는 남은 분자들이 벽에 갇혀 이온들을 덜 방해합니다.

이것만이 문제가 아닙니다. 100큐비트를 넘으면 이온의 이동과 진동을 제어하기가 더 복잡해집니다. 또한 레이저 광선의 수를 늘려야 하는데, 이는 광선의 출력과 품질에 문제를 일으킵니다. 특히 100만 개의 레이저를 원한다면 말이죠! 따라서 100만 개의 이온을 가진 컴퓨터는 단기적으로는 실현 불가능해 보입니다. 안타깝게도 이온을 선형이 아닌 2차원이나 3차원으로 여러 줄로 정렬해도 상황은 나아지지 않습니다. 이온들은 서로 장거리로 상호작용하기 때문에, 이렇게 켜켜이 쌓아 가까이 두어도 큰 도움이 되지 않습니다. 오히려 레이저 관리를 더 복잡하게 만들 수 있습니다.

해결책은 "나누어 통치하라"는 격언에 따라 다른 곳에서 나올 수 있습니다. 이 아이디어는 더 똑똑하고 덜 제한적인 구조로 가는 것입니다. 과학자들은 서로 멀리 떨어진 여러 개의 작은 이온 사슬을 설계하고, 이를 광섬유로 연결하는 방안을 고려하고 있습니다. 주의할 점은, 이것이 작동하려면 연결이 반드시 컴퓨터의 양자 특성을 보존해야 한다는 것입니다. 물리학자들은 이를 위해 이온과 얽힌 광자를 사용하여 광섬유를 통해 사슬 사이를 이동하게 하는 방법을 생각하고 있습니다. 이는 이온 트랩 물리학과 양자 광학(11장 참조) 두 기술의 결합을 의미하며, 문제의 중요성에 걸맞은 도전이 될 것입니다!

양자 우월성

구글이 초전도체 덕분에 경쟁자들을 압도하는 이유를 발견하다

7

박사과정 2년차를 막 끝냈을 때, 저는 첫 국제 학회에 참석하기 위해 미국으로 갔습니다. 행사에는 약 100명의 참가자가 모였습니다. 다른 모든 박사과정 학생들처럼 저도 포스터를 발표했는데, 보통 구두 발표의 영광은 정식 연구원들에게만 주어졌죠. 저는 호텔 지하에 마련된 공간에서 대형 포스터 옆에 자랑스럽게 서 있었습니다.

솔직히 말해서 이 '포스터 세션'은 꽤 조용했습니다. 학생들이 서로의 포스터를 보러 왔고, 때때로 논문 지도교수가 들여다보기도 했지만, 곧바로 동료들과 커피를 마시러 가버렸습니다. 그때 회색 머리에 턱수염을 기른 한 남자가 다가와 제 이야기를 들어주었습니다. 그의 외모는 다른 연구자들과 달랐습니다. 그는 멋진 영국 억양으로 공손하게 제 연구 주제를 설명해 달라고 요청했습니다. 솔직히 말하면 그가 학회에 참석한 것인지 확신이 서지 않았습니다. 혹시 수영장을 찾다 길을 잃은 관광객은 아닐까? 그래서 저는 그가 이해할 수 있도록 기초부터 다시 설명했습니다. 초전도성, 쿠퍼 쌍, 상 다이어그램 등…. 그는 주의 깊게 듣고 내가 잘 이해하지 못한 질문을 한두 개 했고, 다음 포스터로 넘어갔습니다. 관광객임이 틀림없었어요.

그 영국 노인의 정체를 알게 된 것은 다음날 기조 강연 세션에서였습니다. 내가 기초부터 설명해 주었던 사람은 바로 토니 레깃Tony Leggett이었습니다. 그는 전설적인 인물이자, 이 분야에서 가장 뛰어난 물리학자라고 할 수 있습니다. 그는 몇 년 후에 초전도성과 초유체성 이론에 대한 선구적 공헌으로 노벨상을 받게 됩니다.

1980년에 바로 이 토니 레깃이 40년 후 가장 강력한 양자 컴퓨터가 될 것의 이론적 기초를 마련했습니다.

스물두 살에 노벨상

2019년 가을, 구글은 자사의 마이크로프로세서 시카모어Sycamore로 '양자 우월성'을 달성했다고 발표하며 전 세계를 놀라게 했습니다.[1] 유명한 저널 네이처Nature에 총 6페이지에 걸쳐 실린 이 논문의 첫 번째 그림은 마이크로프로세서의 핵심인 54개의 초전도 큐비트로 이뤄진 조립체를 보여줍니다. 이 우월성은 단순히 구글의 컴퓨터가 어떤 고전 컴퓨터보다 훨씬 더 빠르게 어떤 계산을 수행했다는 것을 의미합니다.

이는 놀라운 것이었습니다. 포획된 이온이 이 영광의 타이틀을 먼저 차지했어야 했기 때문이죠. 그러나 초전도 회로 기반 프로토타입이 결승선에서 승리했습니다. 모든 예상을 뒤엎고 이 전기적 큐비트들이 어떤 고전 컴퓨터보다 더 빠르게 계산을 수행한 최초의 주자가 되었습니다. 이 아웃사이더들이 어떻게 포획된 이온들을 제쳤을까요?

이야기는 1980년 토니 레깃으로부터 시작됩니다. 더 정확하게는 1962년 조셉슨Josephson으로부터 시작되죠. 아니 1911년 오네스Onnes까지 더 거슬러 올라가야 할 것입니다. 이 대서사시를 전부 이야기하려면 한 권의 책이 필요할 정도입니다. 그러나 몇 줄로 요약해 보겠습니다.

20세기 초, 네덜란드 물리학자 헤이케 카메를링 오네스Heike Kamerlingh Onnes는 수은이나 납 같은 특정 금속들이 냉각되면 초전도체가 된다는 것을 발견합니다. 매우 정확한 온도, 임계온도 아래에서 이 금속들은 전류를 완벽하게 흐르게 합니다. 더 이상 전기 저항을 보이지 않죠. 이 기이한 현상의 원인이 밝혀지기까지는 1950년대 말까지 기다려야 했습니다. 낮은 온도에서 전자들은 2개씩 짝을 이뤄 '쿠퍼 쌍'을 형성합니다. 각 쌍은 양자적으로 파동처럼 행동합니다. 주목할 만한 사실은 이 모든 파동이 서로 조정되어 완벽하게 보강하는 방식으로 겹친다는 것입니다. 쌍들이 협력해 하나의 거대한 양자 파동을 만들어 냅니다! 물리학자들은 처음으로 거시적인, 우리 인간에게 익숙한 크기 수준에서 나타나는 양자 현상을 관찰한 것입니다.

다음 이야기는 1960년대 초 케임브리지 대학에서 펼쳐집니다. 젊은 학생 브라이언 조셉슨Brian Josephson이 초전도체에 대한 논문을 쓰고 있었죠. 겉보기엔 꽤 내성적이었지만 그는 모두를 놀라게 했습니다. 그는 석사과정일 때 이미 중요한 논문을 발표했고, 박사과정 중에는 독창적인 작은 전기 회로를 구상합니다. 얇은 절연체 층으로 분리된 두 초전도체 조각이 어떻게 반응할까? 그는 기묘한 현상이 발생할 것이라고 예측합니다. 전자 쌍들이 '터널 효과'로 절연체를 통과하여 한 초전도체에서 다른 쪽으로 뛰어넘을 수 있다는 거죠. 실제로 두 초전도체 섬 각각에는 수십억 개의 전자 쌍이 갇혀 있습니다. 그런데 갑자기 터널을 통해 몇몇 쌍들이 한 섬에서 다른 섬으로 이동하도록 할 수 있습니다. 전자의 움직임은 필연적으로 전류를 의미하죠. 이 '조셉슨 효과'는 이 새로운 종류의 접합부를 통과하는 전류의 출현으로 나타날 것이며, 이 예측은 곧바로 실험으로 확인됩니다.

이 뛰어난 박사과정 학생은 거기서 그치지 않고 더 기이한 두 번째 효과를 예측합니다. 이번엔 배터리로 접합부 양단에 전압을 가하면 전류가 진동하기 시작해야 한다는 겁니다. 마치 전자 쌍들이 섬 사이를 계속해서 왔다 갔다 하듯이 말입니다. 이 진동의 주파수, 즉 초당 왕복 횟수는 전압에 $2e/h$를 곱한 값입니다. 여기서 e는 전자의 전하량, h는 플랑크 상수죠.

저는 단순히 여러분을 감동시키기 위해 이것을 묘사하는 것이 아닙니다. 이 공식은 매우 충격적입니다. 너무 단순하기 때문입니다. 이 공식은 초전도체의 크기, 모양, 심지어 본질에 관계없이 전류가 항상 정확히 같은 주파수로 진동할 것이라고 예측합니다. 이 현상은 절대적으로 보편적이며, 장치의 작은 세부 사항과는 무관합니다. 만약 여러분이 은하계 반대편의 외계인에게 전화를 걸어 같은 장치를 만들어 달라고 부탁한다면, 그들도 정확히 같은 진동을 측정할 것입니다. 브라이언 조셉슨은 22세 때 박사과정 첫 해에 이 발견을 한 것이고, 그로부터 10년 후에 노벨상을 받게 됩니다.

버클리의 세 젊은 연구원

조셉슨 효과는 곧 모두의 주목을 받게 됩니다. 그 유명한 접합은 전기의 보편적 세계 표준을 결정하는 데 사용되며, 심지어 킬로그램을 정의하는 데도 최고의 도구임이 입증됩니다.[2] 1960년대 말부터 이는 초전도 양자 간섭장치 SQUID, Superconducting QUantum Interference Device 라는 초민감 센서에 통합되어 비교할 수 없이 놀라운 정밀도로 자기를 측정할 수 있게 합니다. 이것이 바로 시대를 앞선 진정한 양자 기술입니다.

1980년대 초에 토니 레깃이 이 주제에 관심을 갖습니다. 이 영국인 이론가는 조셉슨 접합이 양자물리학의 기본 원리들, 즉 일반적으로 개별 원자에서나 관찰되는 현상을 검증하는 데 유용하게 사용될 수 있다고 예측합니다. 수십억 개의 원자로 구성된 물체가 '슈뢰딩거의 고양이'와 같은 방식으로 행동한다는 발상 자체가 충격적입니다. 하지만 레깃은 이 독특한 접합에서 전자들이 함께 완벽한 집단, 일종의 단일 양자 물체처럼 행동한다는 것을 이해했습니다. 그는 이 작은 전기 회로를 충분히 냉각시키면 두 상태 사이의 중첩이 검출 가능할 것이라고 예측합니다. 하지만 연구자는 경고합니다. 이 중첩은 일정 시간, 즉 '결맞음 시간' 후에는 존재하지 않게 될 것이라고. 이러한 추측은 이론상으로는 매력적이지만, 실제로 실험을 시도할 만큼 대담한 실험가들이 필요합니다.

모든 것이 캘리포니아에 있는 버클리 대학교에서 조셉슨 접합의 전문가인 영국인 존 클라크John Clarke와 함께 진행됩니다. 1980년대 초, 그는 팀의 두 젊은이, 미국인 박사과정 학생 존 마티니스John Martinis와 프랑스인 박사후 연구원 미셸 데보레Michel Devoret와 함께 이 과제에 착수하기로 결정합니다. 당시 포획된 이온과 단일 광자 연구 커뮤니티가 주도권을 쥐고 있었습니다. 단일 원자보다 당연히 덜 순수하고 덜 질서정연한 고체에서 이러한 실험을 하려 한다니 얼마나 터무니없는 생각입니까! 미셸 데보레는 당시의 분위기를 다음과 같이 재미있게 묘사했습니다.

"그 당시 이런 실험들은 유황 냄새가 났어요. 양자역학은 승승장구했죠. 원리들은 흔들리지 않는 공리로 받아들여졌고, 논의의 여지가 없었습니다."(역자주: 악마에게서 유황 냄새가 난다는 이야기에서 착안한 부정적 표현으로, 기존 양자역학의 기조를 따르자면 초전도체 쪽 일은 승산이 떨어졌다는 것을 뜻함)

그럼에도 불구하고 버클리 팀은 모험에 뛰어들어 모든 예상을 뒤엎고 조셉슨 접합에서 양자화된 에너지 준위를 측정하는 데 성공합니다. 이는 거시적 양자 효과의 증거입니다. 접합의 행동은 단순한 원자의 행동을 모방하는 것처럼 보였습니다. 간단히 말해 연구자들은 첫 번째 인공 원자를 발명한 셈입니다.

데보레는 다니엘 에스테브Dainel Esteve와 새 팀을 만들기 위해 프랑스 사클레로 돌아가고, 곧 크리스티앙 우르비나Christian Urbina가 합류합니다. 1998년, 그들은 제대로 이름값을 하는 첫 번째 초전도 큐비트, 쿠퍼 쌍 상자Cooper Pair Box를 고안합니다. 일본인 야스노부 나카무라Yasunobu Nakamura가 정교한 시스템으로 양자 진동을 측정합니다.

초전도 큐비트를 어떻게 발명했는지 묻자, 미셸 데보레는 그 과정을 쉬운 말로 풀어서 설명해 줍니다.

"우리는 달성할 목표, 실현할 기능에서 출발합니다. 하지만 어떤 회로가 그 목표로 이끌 것인지 데카르트식으로 추론할 수는 없죠. 오히려 메카노(역자주: 상표명. 금속제 부품으로 만든 조립식 완구) 놀이 같아요. 함께 칠판에 회로를 그리고, 토론하고, 아이디어를 내고, 그게 어떤 효과를 낼지 궁금해합니다. 여기, 이게 흥미로울 것 같군요, 계산으로 테스트해 봅시다. 때로는 성공하죠, 우리가 찾던 기능을 실현합니다! 그러면 회로는 꽤 빨리, 보통 15일 만에 제작되고, 그 후 몇 달 동안 측정이 이어집니다."

이러한 경험주의적 접근, 단순한 호기심에 이끌린 방법 덕분에 성공이 이어집니다. 새로운 구조들이 차례로 태어납니다. 네덜란드 델프트Delft의 한 그룹이 '플럭스Flux 큐비트'를 개발하는데, 여기서는 전류가 고리를 따라 동시에 두 방향으로 흐를 수 있습니다. 버클리의 옛 박사과정 학생인 존 마티니스John Martinis도 비슷한 연구를 계속합니다. 각 새로운 큐비트는 퀀트로늄Quantronium, 트랜스몬Transmon, 플럭소늄Fluxonium 등 독특한 이름을 갖습니다.

연구자들은 같은 야망을 갖고 있습니다. 가능한 모든 수단을 동원해 결맞음 손실과 싸우는 것이 그것입니다. 최초의 큐비트들은 단지 몇 나노초 동안만 상태 중첩을 유지했습니다. 하지만 이러한 노력은 헛되지 않았고 성능은 계속 개선됩니다. 마이크로프로세서의 트랜지스터 수 증가를 특징짓는 유명한 무어의 법칙처럼 지수적으로 성장하고 있습니다. 최근의 조셉슨 접합 기반 큐비트들은 상태 중첩에서 거의 1밀리초 동안 생존하는데, 이는 선조들보다 100만 배 더 향상된 것입니다. 이제 진정한 양자 컴퓨터를 만들 모든 준비가 되었습니다. 구글이 이 도전을 맡게 되는데, 이는 누구나 할 수 있는 일이 아닙니다. 작전을 지휘하기 위해 이 미국 회사는 캘리포니아의 세계적인 전문가, 바로 존 마티니스를 고용합니다.

섬들, 터널들, 그리고 쌍들

구글의 양자 컴퓨터를 살펴볼 때입니다. 외관상으로는 높이 2미터의 거대하고 밀폐된 금속 원통처럼 보입니다. 이 거대한 보온병은 '희석

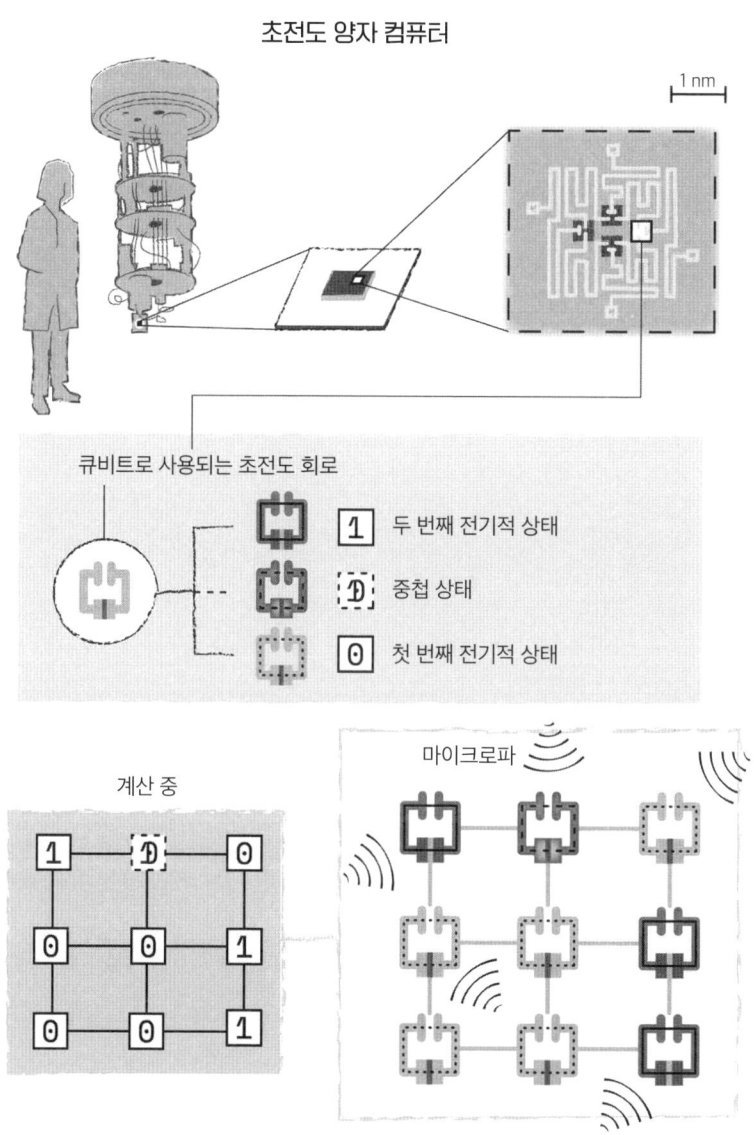

이 컴퓨터에서 초전도 전기 회로가 큐비트 역할을 합니다. 마이크로파를 사용하여 이 회로들을 다양한 상태로 만들거나 2개씩 얽힐 수 있습니다.

냉동기'라는 이름을 갖고 있습니다. 이는 큐비트를 절대 영도보다 거의 0.015도 높은 온도까지 냉각시킬 수 있는데, 이는 지구 온도보다 2만 배 더 차갑고, 우주 어디에서보다 100배 더 차갑습니다! 이 어마어마한 냉각 없이는 열적 동요가 큐비트의 양자적 특성을 파괴할 것입니다.[3] 큐비트에 대해 이야기해 봅시다. 미국 거대 기업이 선호하는 것은 '트랜스몬'입니다. 이는 미셸 데보레와 그의 동료들이 미국 예일 대학에서 고안한 것인데, 연구자는 2002년에 그곳에 새 그룹을 만들었습니다.

초전도체인 알루미늄으로 만들어진 트랜스몬은 전자들이 어떤 충돌도 겪지 않고 순환할 수 있게 하며, 따라서 일관성 있게 양자적 특성을 유지할 수 있습니다. 이 재료로 만든 단순한 전기 회로(코일과 콘덴서로 이루어진 LC 회로)를 설계하면 규칙적으로 간격이 벌어진 멋진 양자 준위를 가진 진동 시스템, 즉 이상적인 큐비트를 얻을 수 있습니다. 하지만 문제가 있습니다. 준위들이 서로 같은 간격만큼 떨어져 있어서는 절대 안 됩니다. 양자 계단은 너무 규칙적이면 안 됩니다. 그렇지 않으면 아래 두 준위를 들뜨게 할 때마다 다른 모든 준위들도 똑같이 반응할 것입니다. 이는 불협화음이 되고, 결국 큐비트는 읽을 수 없게 됩니다.

처음 두 계단만 조작하려면 어떤 면에서 회로의 대칭성을 깨뜨리는 것, 각 계단이 올라갈수록 점점 더 좁아지는 특이한 계단을 만드는 것이 중요합니다.[4] 이것이 바로 조셉슨 접합이 하는 일입니다. 준위들을 이동시키고 시스템을 덜 대칭적으로, 전문 용어로 '비조화적'으로 만듭니다. 이는 회로가 모든 면에서 자연의 원자를 닮게 합니다.

자, 우리는 트랜스몬, 완벽한 초전도 큐비트의 레시피를 얻었습니다. 그런데 이 큐비트의 0과 1은 실제로 무엇에 해당할까요? 원자에서 0은 기저 상태를, 1은 들뜬 상태를 상징했습니다. 초전도 큐비트에서 현실은 훨씬 더 매혹적입니다. 낮은 온도에서 접합의 각 초전도 섬은 10억 개의 초전도 전자 쌍을 포함합니다. 상태 1을 만들기 위해 우리는 회로의 에너지 준위 간격에 해당하는 주파수의 마이크로파로 그것들을 조사합니다. 이 파동이 회로에 충돌할 때 단 하나의 전자 쌍만을 터널 효과에 의해 한 섬에서 다른 섬으로 이동하도록 합니다. 이는 최소한의 효과이지만 충분합니다. 상태 0에서는 왼쪽에 10억 개, 오른쪽에 10억 개의 전자 쌍이 있었습니다. 상태 1에서는 왼쪽에 9억 9,999만 9,999개, 오른쪽에 10억 1개의 쌍이 있습니다. 이 단 하나의 쌍이 때로는 오른쪽에, 때로는 왼쪽에 있으면서 큐비트의 상태를 정의합니다. 중첩 상태에서 이 쌍은 동시에 왼쪽과 오른쪽에 있는데, 이는 초전도성이 가능하게 한 기적입니다.[5]

마침내 양자 우위 도달

이제 큐비트 회로를 여러 개 새기고 마이크로파가 순환하는 전기회로로 구성된 양자 게이트로 연결하기만 하면 됩니다. 그러나 2개에서 50개 큐비트로 가는 것은 상당한 도전 과제입니다. 더 큰 극저온 장치,

더 많은 케이블, 더 많은 전자 장치, 더 많은 펌프가 필요합니다. 그리고 바로 여기서 구글이 차별화됩니다. 존 마티니스, 미셸 데보레 등은 실험실 수준에서 이러한 발전된 양자 컴퓨터의 설계를 상상할 수 있었겠지만, 실제로 행동에 옮기려면 거대한 자원과 거의 산업적인 수준의 접근법이 필요했습니다.

2019년, 구글은 53개의 큐비트 이루어진 '시카모어'를 만들어냈습니다. 게이트와 커플러로 정렬되고 연결된 이 마이크로프로세서는 1~2 cm에 불과하지만, 이를 수납하고 있는 극저온 장치는 2미터가 넘습니다. 진동을 최소화하기 위해 장치는 매달려 있고, 시끄러운 펌프가 진공을 유지하여 실내의 열기가 큐비트로 전달되는 것을 차단합니다. 다양한 종류의 액체 헬륨이 순환하면서 큐비트를 0.015 K의 절대영도 근처로 냉각시킵니다. 수많은 푸른 케이블 다발이 장치에 전원을 공급하는데, 각 케이블은 큐비트에 연결되어 마이크로파 펄스를 전송합니다.

첫 계산을 시작해 봅시다. 계산에는 200초가 걸렸고, 결과로 무작위로 뽑힌 듯한 0과 1의 연속이 나왔습니다. 마티니스 연구 팀은 이 성과를 자랑스럽게 여겨 네이처_Nature_ 지에 게재된 자신들의 논문 그림 4에 표시하였습니다. 실제 데이터는 논문 속 그림에 단순히 점 하나와 '10,000년'이라는 주석으로 표시되었습니다. 이는 논문 저자들에 따르면 현존하는 가장 강력한 컴퓨터조차도 같은 계산을 수행하려면 1만 년이 걸릴 것이라는 의미입니다. 바로 이것이 구글이 최초로 양자 우위에 도달했다고 주장하는 근거입니다.[6]

구글이 모든 경쟁자를 완전히 압도했을까요? 그들의 미래지향적인 컴퓨터가 세상의 어떠한 슈퍼컴퓨터보다 더 빠르고 잘 계산할까요? 2019년 가을 보도 매체들을 보면 그렇게 믿고 싶어질지도 모릅니다. '구글', '우위', '양자'라는 단어들이 모여 있으면 꿈과 같은 기대에 부풀면서도 약간은 두렵기도 합니다. 언론 홍보 이면의 실제 상황은 무엇일까요? 시카모어가 3분 만에 수행한 계산은 정말 그렇게 대단한 것일까요? 답변은 실망스럽지만 동시에 안심이 됩니다. 미국의 양자 컴퓨터는 사실 아무것도 계산하지 않았습니다. 유의미한 문제를 풀었다기보다는 그저 거울에 비친 스스로의 모습을 관찰하는 것에 가까웠습니다. 구글의 연구원들은 쇼어의 양자 컴퓨터를 이용한 소인수분해와 같은 실제 알고리즘을 이 양자 컴퓨팅에 프로그래밍하는 것이 말도 안 되는 일임을 알고 있었습니다. 그들의 큐비트 오류율을 고려하면 그 과제는 실패할 운명이었습니다(8~10장 참조). 대신 그들은 53개의 큐비트를 무작위로 연결했고, 그런 다음 자유롭게 진화하도록 두고 최종 결과를 측정했을 뿐입니다. 앞에서 언급한 바로 그 유명한 0과 1 수열 말이죠. 이 순서에는 실용적 가치가 전혀 없지만, 시카모어와 같이 양자적으로 배선되지 않은 일반 컴퓨터는 쉽게 예측할 수 없습니다. 여기에 비밀이 있습니다. 양자 마이크로프로세서가 실제로 유의미하거나 흥미로운 것을 계산하지 않더라도 그 양자 작동 방식은 비양자 컴퓨터가 단순히 재현할 수 없는 다수의 중첩 상태를 수반합니다.

이는 저에게 시인 이시도르 이주Isidore Isou를 상기시킵니다. 프랑스로 이주한 이 루마니아 예술가는 소리가 의미보다 중요한 레트리즘

Lettrsm 시 형식의 선구자였습니다. 공연에서 이주는 이상한 언어이자 사실상 의미 없는 말장난을 낭독했는데, 그것이 터무니없는 음악을 만들어냈습니다. 이런 시를 듣노라면 당황스럽기도 하고 매력적이기도 한데, 무엇을 의미하는지 전혀 알 수 없기 때문입니다. 시카모어 역시 제게 똑같은 느낌을 줍니다. 0과 1의 뒤엉킨 고유의 방언을 만들어내는 것이죠. 일반 마이크로프로세서는 그 언어를 이해하지 못할 것입니다. 일반 컴퓨터는 그 이상한 언어를 쓸 줄 모르기 때문이죠. 결국 모두가 그 성과를 찬양하지만, 그 결과로 뭘 해야 할지 아무도 모릅니다.

그렇다면 왜 구글은 양자 분야에 뛰어들었을까?

이러한 위업으로 구글은 세계적인 양자 컴퓨팅의 선두주자가 되었습니다. 하지만 당분간은 아무 쓸모가 없을 터인데 이 캘리포니아산 거대 기업의 동기는 무엇일까요? 구글은 하드웨어 분야에 전념한 적이 없었습니다. 그들의 전문 분야는 검색 엔진, 안드로이드 모바일 운영체제 등 소프트웨어입니다. 그런데 이제 회사가 양자기술 전문 연구원들을 스카우트하여 자체 물리학 연구소를 만들고 있습니다. 물론 구글만은 아닙니다. IBM, 마이크로소프트, 최근에는 아마존까지 IT 및 인터넷 대기업 모두가 수십억 유로를 투자하며 제2차 양자혁명으로 뛰어들고 있습니다. 그 이유는 무엇일까요?

저는 이 답을 결국 올리비에 에즈라티Olivier Ezratty와 패니 부통Fanny

Bouton으로부터 찾았습니다. 이 두 신기술 전문가는 팟캐스트, 블로그, 출판물, 공개 및 비공개 참여 활동 등에서 놀라운 역동성으로 프랑스 양자 커뮤니티를 이끌고 있습니다. 몇 년 만에 그들은 이 분야의 진정한 전문가가 되었습니다. 제가 구글 및 여타 거대 기업의 동기를 물었을 때, 그들은 FOMO Fear Of Missing Out 라는 미스테리한 영어 약자로 답했습니다. 여기서는 진행 중인 혁명을 놓치는 것에 대한 두려움을 의미합니다. 게다가 이 기업들이 해당 분야에서 핵심 역할을 하는 데 그다지 큰 비용이 들지 않습니다. 2021년 구글의 연간 매출은 2,000억 달러를 넘으며, 시가총액은 2조 달러가 넘습니다. 따라서 양자 분야에 10억~20억 달러를 투자해도 큰 부담이 없습니다.

미셸 데보레는 기업들의 참여를 다른 식으로 설명해 줍니다. 이런 기업들은 내부에 양자 분야 전문가가 없어 직원들을 훈련시킬 수 없습니다. 만약 이 기술이 10년 안에 주요 발전을 이루어 큰 이익을 내게 될 것이라면 그들은 대비할 필요가 있습니다. 기업 내부에 연구소를 개설함으로써 그들은 이 분야를 적극적으로 주시할 수 있는 일종의 관측소를 갖추게 되는 것입니다.

마지막으로 그리고 아마도 가장 중요한 점은, 이러한 양자 도전이 브랜드 이미지 강화의 좋은 기회라는 것입니다. 이에 대한 홍보 활동은 모든 면에서 인상적입니다. 결국 세계에서 가장 유명한 과학 저널 1면에 양자 우위를 달성했다고 공언하는 것보다 더 인상적일 수 있을까요? 전 세계에 자사가 가장 첨단 기술을 선도한다고 알리는 멋진 방법이 아닐 수 없습니다! 이것이 야심만만한 기록과 때로는 과장된 약속으로 가득한 이 분야에서 대기업 간의 경쟁적인 발표를 설명해 줍니다.

그렇다면 이런 추세가 얼마나 더 지속될까요? 에즈라티와 부통은 신기술 분야 경험에 비추어 이런 유행은 시간적으로 매우 집중된다고 말합니다. 엄청난 투자금이 생겨난 것만큼이나 빨리 사라질 위험이 있습니다. 아마도 우리는 '양자 겨울'로 향하고 있는지도 모릅니다. 최소한 민간 투자 부문에서는 말이죠. 다행히도 학계에서는 시간 스케일과 동기부여가 훨씬 더 장기적으로 이루어지고 있습니다.

중요한 것은 우위가 아니다!

2019년 데뷔 이후 시카모어는 경쟁사들에 바짝 뒤쫓기고 있습니다. 중국의 두 양자 컴퓨터가 차례로 양자 우위에 도달했는데, 하나는 초전도체 기반이고 다른 하나는 광자 기반입니다(11장 참조). 그들 역시 스스로 작동 모습을 관찰하고 얼마나 많은 0과 1을 생성하는지 세는 것 외에는 아무것도 유용한 것을 만들어내지 못했습니다. 그래도 지금은 일단 모든 것을 냉소적으로 바라보지 말아야 합니다. 이들 연구소는 모두 일종의 기술적 위업을 이루었습니다. 그들은 50개 이상의 큐비트를 조작할 수 있다는 것을 보여주었고, 이전 것들보다 조금 낫다는 수준이 아니라 전체 기계, 통합, 전자 기기, 배선 등을 모두 면밀히 설계했습니다. 이러한 노력의 증거로 구글 논문에는 67페이지 분량의 부록

이 포함되어 사용된 방법론을 상세히 설명하고 있습니다. 양자 컴퓨팅은 새로운 차원에 진입했습니다.

그러나 양자 우위 발표 3년 후 결과는 여전히 기대에 미치지 못합니다. 시카모어와 경쟁사들은 몇 가지 추가 결과를 내놓았지만, 주목할 만한 응용은 없었습니다. 큐비트 수의 폭발적 증가 역시 주춤해졌습니다. 2021년 11월, IBM은 자랑스럽게 127개 큐비트의 새로운 초전도체 마이크로프로세서 '이글Eagle'을 발표했지만, 오류율은 여전히 높습니다(역자주: 2023년 말 1,000큐비트급 발표).

하지만 다양한 중대한 과제들이 눈앞에 있습니다. 더 깨끗하고 신뢰할 수 있는 회로가 필요합니다. 터널 접합부에서의 미세한 불순물도 측정을 방해할 수 있습니다. 케이블 또한 큰 문제가 됩니다. 가정용 컴퓨터 마이크로프로세서의 수십억 개 트랜지스터는 최초 신호를 보낸 후에는 자율적으로 작동하기 때문에 같은 문제가 없습니다. 그러나 양자 컴퓨터에서는 각 큐비트에 개별적으로 마이크로파를 전송해야 하기 때문에 상황이 훨씬 까다롭습니다. 1,000개 큐비트 컴퓨터는 최소 3,000개의 케이블이 필요하며, 단순한 전선이 아닌 정밀한 짧은 마이크로파 펄스를 전달할 수 있는 특수한 케이블이어야 합니다. 전체가 매우 정교하게 관리되어야 합니다. 현재 시스템으로는 부족하므로 전체 아키텍처를 재설계해야 합니다. 또 다른 큰 문제는 더욱더 커지는 회로를 0.01 K로 유지하기 위해 극저온 냉각 장치의 냉각 능력 역시 강화되어야 한다는 것입니다.

확실히 규모 확장으로 가는 길에는 어려움이 산적해 있습니다. 일부에서는 초전도체 방식이 한계에 도달했으며 다른 기술로 전환해야 한다고 생각하고 있습니다. 하지만 초창기에도 초전도가 이온과 광자에 밀렸다고 여겨졌음을 기억하시기 바랍니다. 그러한 부정적 예상에도 불구하고 초전도는 이온과 광자를 능가하며 많은 이들을 놀라게 했습니다. 따라서 저는 초전도 방식의 퇴장을 너무 성급하게 예상해서는 안 된다고 봅니다. 고체 물리학자들에겐 아직도 남은 비장의 묘수가 있습니다.

양자 음악 악보

컴퓨터 양자 프로그래밍의
미묘한 기술을 배우는 곳

코펜하겐 왕립극장 무대에서 두 음악가가 마주 보고 있습니다. 각자 웅장한 그랜드 피아노 뒤에 서 있죠. 왼쪽에는 반짝이는 푸른 드레스 차림의 소냐 론차르Sonja Lončar가 준비된 모습이고, 오른쪽에는 동료 안드리야 파블로비치Andrija Pavlović가 같은 색의 푸른 반짝이 풀오버와 모자를 쓰고 있습니다. 이 듀오는 덴마크 작곡가 킴 헬웨그Kim Helweg가 물리학자 클라우스 몰머Klaus Mølmer의 도움을 받아 만든 '중첩Super Position'이라는 작품의 첫 번째 악장인 '라이만Lyman'을 연주합니다. 이 음악은 거의 최면 상태에 빠지게 하는 반복적인 리듬을 따릅니다. 원자가 에너지 준위 사이를 전이할 때의 주파수에서 영감을 얻어 만들어졌습니다.

이 곡은 '양자 음악'의 일부로, 예술과 과학이 만나 음악가들이 양자역학의 개념을 창의적 영감으로 사용한 독특한 협업 작품입니다. 작품

자체와 그것을 연주하는 방식은 원자 수준에서 발생하는 현상에서 영감을 받았습니다. 작곡가는 연주 자체가 '양자 점프'와 우연적인 요소를 반영하기를 원합니다. 명확한 규칙에 따라 연주된 결과는 온라인에서 확인할 수 있습니다.[1]

"이 작품은 공연마다 결코 똑같아서는 안 됩니다. 연주될 때마다 조금씩 바뀌어야 하며, 심지어는 어느 순간 갑자기 완전히 바뀌어야 합니다."

여기서 양자역학이 예상치 못한 음악의 영역으로 진입합니다. 흥미롭게도 물리학자들 또한 양자 컴퓨터를 프로그래밍하는 데 음악에서 영감을 받았습니다. 프로그래머 여러분, 여러분이 일상적으로 사용하는 코드 라인과 컴파일러는 잠시 내려놓으세요. 이제 프로그램은 오선지 위의 악보처럼 왼쪽에서 오른쪽으로 작성될 것입니다. 각 오선은 하나의 큐비트에 해당하며, 각 음표는 연산을 나타냅니다. 만약 당신이 정확하고 능숙하게 연주했다면 곡의 마지막에 이르러 기대한 대답을 얻게 될 것이며, 심지어 양자 이득까지 얻을 수 있습니다.

양자역학을 어떻게 코딩할까?

양자 알고리즘을 어떻게 작성할까요? 어떤 도구와 표기법을 사용해야 할까요? 확률론적인 본성에도 불구하고 알고리즘이 생성할 결과를 확신할 수 있을까요? 무엇보다 중요한 것은 그럴 가치가 있는지 여부입니다. 여러분의 양자 프로그램이 고전 컴퓨터보다 빠를까요? 여러분의 양자 프로그램 성능이 일반 컴퓨터에 비해 정말 뛰어나야만 실험가들이 극저온 체임버, 마이크로파, 레이저 등의 장치를 동원할 동기가 생깁니다. 계산 속도가 두 배만 빨라진다면 그런 엄청난 비용을 정당화할 수 없습니다. 이득이 훨씬 더 극적이어야 합니다.

양자 알고리즘은 단순히 현재 컴퓨터보다 계산 속도가 빠른 것만으로는 부족합니다. 무엇보다 큐비트 수가 증가할수록 계산 속도의 이점이 증가해야 합니다. 데이터 양이 많아질수록 반드시 양자 컴퓨터가 고전 컴퓨터에 비해 더 뛰어난 속도를 보여야 합니다. 그것이 바로 목표입니다.

그런 알고리즘 작성에 너무 급급하기 전에 무엇을 활용해야 할지 생각해 보는 것이 현명할 것 같습니다. 이를 위해서는 양자 컴퓨터가 정말로 어디에서 힘을 얻는지 이해해야 합니다. 종종 이 새로운 마이크로프로세서가 엄청나게 많은 계산을 병렬로 수행하고, 문제의 모든 가능한 조합을 동시에 테스트하여 모든 해답을 제공한다고 잘못 알려져 있습니다. 하지만 결국 컴퓨터는 중첩된 모든 상태가 단 하나의 조합으로 수렴되어 단 하나의 정보만을 제공합니다.

여행가 문제를 구체적인 사례로 들어보겠습니다. 이 문제는 200년 가까이 수학자 커뮤니티를 고민하게 했지만, 산업 분야에도 관련이 있습니다. 릴Lille에서 출발하는 관광객이 여러 도시를 거쳐 마르세유에 도착해야 합니다. 가장 짧은 경로는 무엇일까요? 일반 컴퓨터는 가능

양자 음악 악보

한 모든 경로를 계산하여 최단 경로를 찾지만, 도시가 하나 더 추가될 때마다 계산 시간이 두 배가 됩니다. 도시의 수가 20개를 넘어가면 세상의 어떤 컴퓨터도 현실적인 시간 내에 답을 제공할 수 없습니다. 양자 컴퓨터는 다른 방식으로 작동합니다. 우리가 때로는 양자 컴퓨터는 상태 중첩을 통해 모든 경로를 병렬로 계산할 수 있다고 생각하지만, 그렇지 않습니다. 또 다른 잘못된 통념은 양자 컴퓨터가 확률을 활용한다는 것입니다. 각 경로에 특정 확률이 주어져 있다고 가정합시다. 예를 들어 브레스트를 거칠 확률 20%, 낭트를 거칠 확률 30%, 보르도를 거칠 확률 50%라고 합시다. 그리고 컴퓨터가 이 장소들 중에서 무작위로 여행 경로를 선택한다고 생각하는 것입니다. 이 또한 사실이 아닙니다. 그리고 어떤 고전 컴퓨터라도 그렇게 프로그래밍할 수 있으므로 이러한 발상은 그다지 양자적이지 않습니다.

양자 머신이 작동하는 방식은 더 미묘하고 완전히 독특합니다. 여행가가 릴에서 출발하여 모든 가능한 경로를 병렬로 가는 상황을 계산합니다. 각 경로에 확률이 주어지죠. 최종 경로를 결정하기 위해 컴퓨터는 각 경로의 확률을 더합니다. (이 확률을 '진폭'이라고 부르기도 합니다.) 그런데 가장 이상한 점은 어떤 경로는 음의 확률을 가질 수 있다는 것입니다! 물론 '어떤 장소를 거칠 확률이 -20%'라는 것은 일상생활에서는 전혀 의미가 없습니다. 그럼에도 이것이 바로 양자역학이 사용하는 비밀 트릭입니다. 예를 들어 릴-브레스트-마르세유 경로가 음의 확률을, 릴-낭시-마르세유 경로가 양의 확률을 가진다면 두 경로는 상쇄되어 계산에서 사라집니다. 이는 양자적 파동이 상쇄 간섭을 일으킬 수 있기 때문입니다. 이런 상쇄 또는 보강 간섭이 진정 새로운 종류의 계산을 가능케 합니다.

음의 확률과 상쇄 간섭이 어떤 모습일지 상상하기 어려울 것입니다! 이 정말 기이한 개념은 양자 형식론의 전형적인 예이며, 명백히 우리의 직관을 벗어납니다. 양자 정보학자가 해결해야 할 어려운 과제가 한층 명확해졌습니다. 그들은 이런 간섭을 활용하는 새로운 알고리즘 계열을 만들어내야 합니다. 양자정보학자 스코트 아론슨Scott Aaronson 은 이 목표를 명확히 요약합니다.

"양자 알고리즘의 핵심은 잘못된 답에 이르는 경로가 상쇄 간섭을 일으키고, 올바른 답에 이르는 경로는 서로 보강되도록 알고리즘을 설계하는 것입니다."[2]

곧 알아보게 되겠지만, 이는 아직은 단지 몇 가지 사례에서만 가능합니다.

천국의 문

먼저, 모든 위대한 지휘자가 그렇듯 우리가 사용할 수 있는 악기에 주목해 봅시다. 기본 구성 요소인 양자 비트, 즉 큐비트는 0 또는 1일 수도 있고, 동시에 0과 1의 중첩 상태가 될 수도 있습니다. 각 큐비트는 구 위의 한 점으로 생각할 수 있는데, 이는 잘 알려진 '블로흐 구Bloch Sphere' 표현 방식입니다. 큐비트가 0이면 구체의 북극에 위치하고, 1이면 남극에 있으며, 이 두 극점을 벗어나면 중첩 상태가 됩니다. 적도 부근에서는 0과 1 상태가 각각 절반의 상태로 중첩됩니다. 만약 이 구체가 지구였다면 파리 같은 북반구의 큐비트는 0 상태에 더 가까운 중첩 상태가 되고, 남아프리카공화국의 큐비트는 남극에 더 가까워 1 상태에 더 가깝게 됩니다.3

이 큐비트를 조작하기 위해 컴퓨터는 양자 게이트를 사용합니다. 가장 단순한 게이트는 지구 표면을 여행하듯 큐비트를 구체 위에서 이동시킵니다. 가장 유명한 게이트는 다음과 같습니다. X 게이트는 큐비트를 적도를 지나는 축을 기준으로 180도 회전시킵니다. 북극에 있던 큐비트는 남극으로 직행합니다. Y 게이트와 Z 게이트도 다른 두 축을 기준으로 같은 작업을 수행합니다.

같은 맥락에서 프랑스 수학자 자크 하다마드Jacques Hadamard를 기리기 위해 이름 붙여진 하다마드 게이트는 0 또는 1 상태의 큐비트를 0과 1이 완벽히 중첩된 상태로 변환합니다. 즉 극지방에서 적도를 향하게 이동시킵니다. 다른 게이트들은 보다 미세한 회전을 수행하지만, 원리는 같습니다. 0과 1 상태의 비율을 변화시키는 것이죠. 이런 1큐비트 게이트는 오케스트라에서 가장 단순한 악기들과 같습니다. 마치 한 번에 한 음만 연주하는 관악기처럼 말이죠.

더욱 정교한 2큐비트 게이트는 피아노를 연상시키며, 최소한 두 음을 동시에 연주할 수 있습니다. 이 게이트들은 두 큐비트가 얽혀 있다

큐비트를 나타내는 블로흐 구

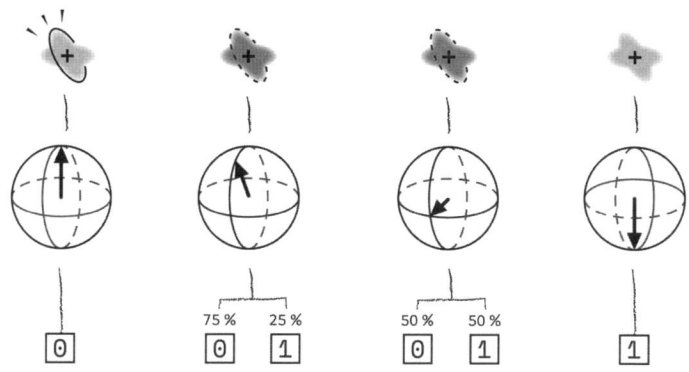

단일 큐비트 게이트의 예

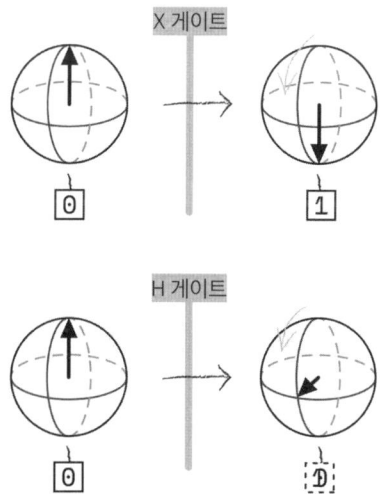

큐비트는 구 위에 나타낼 수 있습니다. 양자 논리 게이트는 큐비트를 한 지점에서 다른 지점으로 이동시킵니다.

면 한 큐비트의 상태에 따라 다른 큐비트를 변환시킵니다. 나중에 자세히 다루겠지만, 지금은 두 얽혀 있는 큐비트가 운명을 공유하여 하나에 작용하면 다른 하나에 영향을 미친다는 점만 기억하세요. 예를 들어 CNOT 게이트는 두 번째 큐비트가 1 상태일 때만 첫 번째 큐비트의 값을 반전시킵니다. 가장 인기 있는 게이트들의 이름을 계속 열거할 수 있는데, 대개 발명가의 이름을 따서 토폴리 게이트, 도이치 게이트, 프레드킨 게이트 등으로 불립니다. 다행스럽게도 일반적으로 4~5개의 적절한 게이트만 알고 있으면 모든 가능한 연산을 수행할 수 있습니다. 레고 블록과 비슷한 원리입니다. 잘 선택된 기본 블록만 있으면 무엇이든 만들 수 있죠. 음악에 비유하자면 몇 개의 음표만으로도 상당히 풍부한 곡을 작곡할 수 있습니다.

음계를 연습하세요!

음악가가 기본 도레미파솔라시도 음 연습을 해야 하듯이, 양자 프로그래머도 이런 게이트들을 사용하는 법, 다루는 법과 이들이 조합될 때의 효과를 관찰하는 법을 배워야 합니다. 따라야 할 논리는 C, 자바, 포트란 등 잘 알려진 프로그래밍 언어의 논리와 전혀 다릅니다. 알고리즘의 표현 방식이 완전히 다른 것이 증거입니다. 주의해야 할 점은 이것을 전기 회로와 혼동하지 말아야 한다는 것입니다. 양자 알고리즘 도표에 나오는 가로선은 전기 연결이 아닙니다. 이 다이어그램은 시간

경과에 따라 연산이 어떻게 진행되는지를 왼쪽에서 오른쪽으로 보여줍니다. 그래서 악보를 연상시킵니다. 각 줄은 하나의 큐비트를 의미합니다. 경로상에서 1큐비트 게이트를 만나기도 하고, 두 큐비트를 연결하는 게이트도 등장합니다.

혼란스러운가요? 양자 물질과 초전도체 전문가인 물리학자 리디아 바릴Lydia Baril이 이 분야에 입문할 때의 이야기를 들어 봅시다. 몇 년 전, 그녀는 양자 컴퓨터에 대해 알고 난 후 더 자세히 알아보고 싶어졌습니다.

"그때만 해도 양자 컴퓨터에 대한 온라인 강의가 두 개밖에 없었어요. MOOCs는 상트페테르부르크 대학의 강의인데, 솔직히 전혀 이해할 수 없었고, 다행히 QuTech 아카데미의 강의는 더 접근하기 쉬웠죠. IBM은 이미 당시 5큐비트 컴퓨터를 클라우드에서 사용할 수 있게 했었어요. 저는 몇 가지 알고리즘을 프로그래밍해서 집에서 그 양자 컴퓨터를 배우고 테스트해 봤죠. 일반적인 프로그래밍 방식과는 완전히 달랐어요. 물리학자조차도 이를 배우려면 상당한 열정이 있어야 했죠. 그래도 마법 같았어요!"

그녀의 끈기는 결실을 맺었고, 현재 그녀는 유명한 미국 기업 마이크로소프트가 네덜란드에 세운 양자 기술 전문 연구소인 마이크로소프트 퀀텀에서 높은 직위로 일하고 있습니다.

다행히도 이후로 온라인 강좌와 유튜브 채널이 많이 생겼습니다.

전 세계에서 수천 명의 엔지니어와 학생들이 매일 이 새로운 언어를 배우고 있습니다. 그들은 행렬, 선형대수, 복소수, 확률 등을 익힙니다. 미지의 세계가 열리고 있는 것이죠!

쓸모없는 오라클

프로그래밍을 이해하려면 실습만한 게 없다는 점에 동의하리라 생각됩니다. 알고리즘의 구조를 연구하면서 그 본질을 더 잘 파악할 수 있습니다. 가장 단순하고 오래된 알고리즘부터 시작해 봅시다. 1992년에 데이비드 도이치David Deutsch와 리처드 조자Richard Jozsa가 고안했죠. 솔직히 말해 이 알고리즘은 쓸모가 없지만, 기본 구성요소를 모두 담고 있어 후속 알고리즘을 위한 기초가 되는 셈이라고 할 수 있습니다. 마치 다 장조 음계와 같은 존재죠.

　이 알고리즘은 양자 원리를 활용해 놀랄 만한 효율로 수수께끼를 풉니다. 구슬을 변환시키는 것이 유일한 임무인 이상한 블랙박스가 있다고 가정해 봅시다. 이 박스에는 100개의 구멍이 있어 100개의 구슬에 작용합니다. 하얀 구슬을 첫 번째 구멍에 넣으면 1초 후 완전히 똑같은 하얀 구슬이 나옵니다. 두 번째 구멍에 하얀 구슬을 넣으면 이번에는 검은 구슬이 나오고, … 이렇게 계속됩니다. 매번 구슬은 하얀색 또는 검은색으로 나옵니다. 전문가들은 이 박스를 '오라클'이라고 부릅니다. 고대 그리스의 델포이 신탁(오라클)과 마찬가지로, 이 박스는 던진 질문(구슬 색깔)에 대한 일종의 대답을 내놓는 셈이죠. 하지만 박스를 열어 그 원리를 엿볼 수는 없습니다! 질문을 던지고 대답을 분석해서 그 작동 원리를 파악해야만 합니다.

풀어야 할 수수께끼는 다음과 같습니다. 이 박스가 결국 하얀 구슬과 검은 구슬을 정확히 같은 개수만큼 내보내는지 확인하려면 최소 몇 개의 구멍을 테스트해야 할까요? 다시 말해 박스가 완벽하게 균형을 이뤘는지 확인하려면 최소 몇 번의 시도가 필요할까요? 빨리 대답한 분들은 "51개의 구멍을 테스트하면 된다!"고 하실 것입니다. 51개의 구멍을 확인했는데 오직 하얀 구슬 또는 검은 구슬만 나온다면, 50개의 하얀 구슬과 50개의 검은 구슬을 얻을 수 없다는 것을 확실히 알 수 있습니다.

이 게임의 양자 해법은 훨씬 더 효율적입니다. 구슬 대신 큐비트를 사용해 봅시다. 하다마드 게이트를 사용해 100개 큐비트를 완벽한 중첩 상태로 만듭니다. 다음 단계로 이 큐비트 묶음을 오라클 박스에 보냅니다. 오라클은 100개 큐비트 전체에 작용하여 일부는 반전시키고 나머지는 그대로 둡니다. 100개 큐비트가 박스를 지나간 후에는 모두 서로 간섭하도록 내버려 둡시다.[4] 100개의 작은 파동이 겹치거나 상쇄됩니다. 만약 오라클이 완벽히 균형을 이뤘다면 큐비트 절반을 반전시켰을 것이므로, 각 파동은 반대 파동과 상쇄되어 결과적으로 아무것도 남지 않게 됩니다. 따라서 0이 측정되리라는 것을 확신할 수 있습니다. 그러나 조금이라도 불균형이 있다면 최소한 하나의 파동은 상쇄될 반대 파동을 찾지 못해 확실히 1이 측정될 것입니다. 결과적으로 큐비트 상태에 대한 단 한 번의 최종 측정만으로도 수수께끼의 답을 분명히 알 수 있습니다. 일반 컴퓨터에 필요한 51회 대신 단 1회면 되는 셈이죠. 양자역학 덕분입니다!

안타깝게도 이 알고리즘은 실용적이지 않습니다. 과학에서 처음 등장하는 지식은 대개 사소하고 쓸모없어 보입니다. 하지만 그것들은 개념 증명 역할을 하며, 동료들의 관심을 끌어 그들에게 잠재력과 나아갈 방향을 제시합니다. 실제로 도이치의 초기 아이디어를 계기로 몇 년 만에 양자 컴퓨팅 커뮤니티는 이번에는 정말 유용한 다른 알고리즘들을 개발했습니다. 그중 두 가지 알고리즘이 양자 정보학의 새로운 스타가 되었습니다.

빅데이터 문제를 해결하는 그로버 알고리즘

인도 출신으로 미국에 이민온 정보학자 로브 그로버Lov Grover가 1996년에 도이치 알고리즘의 변형 버전을 고안했는데, 이는 곧바로 연구자들의 주목을 받았습니다. 이 분야의 선구자 중 한 명인 존 프레스킬John Preskill은 다음과 같이 평가합니다.

"만약 100년 후에도 양자 컴퓨터가 작동한다면 그로버 알고리즘을 실행하는 데 사용될 것이라고 생각합니다."

그로버는 자신의 코드를 사전 수수께끼에 비유해 설명하곤 합니다. 마지막 글자만 알고 있는 단어를 100만 단어 사전에서 찾아내려면 얼마나 걸릴까요?

대답하셨나요? 대안이 없습니다. 책 전체를 꼼꼼히 살펴봐야 합니다. 평균적으로 50만 번 정도 시도해야 할 겁니다. 양자 컴퓨터라면 어떨까요? 따라야 할 원리는 도이치-조자 알고리즘과 거의 같습니다. 먼저 사전의 각 단어에 하나의 큐비트를 할당합니다. 그런 다음 이 큐비트들을 모두 얽힌 상태로 오라클에 보냅니다. 이번에는 오라클, 즉 블랙박스의 임무가 달라졌습니다. 단지 찾고자 하는 단어에 해당하는 큐비트만 반전시키면 됩니다.

적절한 게이트를 사용하고 박스를 통과하는 과정을 반복하면, 결국 목표 큐비트의 기여도를 점점 키우면서 다른 큐비트들은 모두 파괴적 간섭을 일으키게 할 수 있습니다. 몇 차례 반복하면 결국 올바른 큐비트의 파동이 다른 모든 파동을 압도하게 됩니다. 이제 최종 상태만 측정하면 되는데, 바로 숨겨진 단어에 해당하는 그 큐비트만 나타날 것입니다.

필요한 단계 수는 일반 컴퓨터의 50만 단계에서 양자 컴퓨터의 1,000단계로 줄어듭니다. 시간과 효율성 면에서 엄청난 향상입니다. 더 나은 점은 이번에는 구체적인 응용 사례가 있다는 것입니다. 검색 엔진은 막대한 데이터베이스를 뒤져 가능한 한 빨리 올바른 답을 찾느라 시간을 보냅니다. 양자 기술을 사용하면 이 시간을 크게 줄일 수 있습니다. 더 나아가 '빅데이터' 산업 전체가 그로버의 오라클로부터 가장 먼저 혜택을 입을 수 있습니다.

하지만… 여러분도 아시다시피 양자 컴퓨터 세계에는 항상 '하지만'이 있습니다. 그로버 알고리즘이 겉보기에는 3~4단계로 단순해 보이지만 실제 구현은 훨씬 더 까다롭습니다. 전체 난이도는 오라클에 숨겨져 있습니다. 너무 자주 양자 알고리즘 강의에서 오라클은 단순히 주어진 질문에 기계적으로 응답하는 블랙박스로 소개됩니다. 하지만 오라클의 실제 구현에는 큰 문제가 있는데, 오라클 스스로도 중첩 상태를 취할 수 있도록 설계되어야 하기 때문입니다. 인터넷의 모든 데이터는 물론이고, 평균 규모의 데이터베이스를 넣으려고 해도 대단한 작업이 필요합니다.

그렇기 때문에 1996년 이후 연구자들이 실제 실험에서 이 알고리즘을 구현할 수 있었던 경우는 고작 2~3개 큐비트뿐이었습니다. 현재까지의 최고 기록은 8개 단어 중 하나를 찾는 것이었죠. 지극히 평범한 성과입니다.

최고 알고리즘 경쟁

도이치와 그로버의 선구적인 아이디어 이후 양자 알고리즘의 수는 폭발적으로 증가했습니다. 심지어 60가지가 넘는 알고리즘 계열을 모아 놓은 '양자 알고리즘 동물원'까지 있습니다.[5] IBM의 온라인 강좌에서는 연습삼아 20가지 정도를 배울 수 있습니다.[6] 이 모두를 열거하는 것은 이 책 전체를 써도 부족할 정도입니다. 따라서 우선 성능에 대해 이야기해 보겠습니다.

어떤 알고리즘이 가장 성능이 좋은지 평가하려면 고전적 버전과 비교하면 됩니다. 예를 들어 그로버 알고리즘이 사전에서 올바른 단어를 찾는 데 N 단계가 필요하다면, 고전 컴퓨터에는 N제곱 단계가 필요할 것입니다. 여기서의 이점은 '2차', 다시 말해 '제곱'입니다.[7] 이 프로그램의 점수를 매긴다면 20점에 12점 정도가 될 것입니다. "나쁘지 않지만 더 잘할 수 있어야겠죠."

수강 성적 최상위권에 있는, 20점/20점 만점에 가까운 알고리즘들은 '지수 이득'이 있는 코드들입니다. 가장 유명한 것은 수학자 피터 쇼어Peter Shor가 만든 알고리즘으로, 매우 적은 연산으로 수를 소인수분해할 수 있습니다. 고전 버전에 비해 지수함수적으로 적은 연산이 필요합니다(9장 참고). 바로 이런 '지수' 챔피언 코드들이 사람들의 환상을 자아내고 현재의 노력과 투자를 이끌고 있습니다. 미래에 이것을 구현할 수 있는 사람은 결정적으로 우위를 차지하게 될 것입니다.

다음 장에서 이 최상위권 알고리즘들이 어떤 것들인지 알아보겠습니다. 일단 여유를 가지고 생각해 봅시다. 먼저 수년간의 집중적인 연구에도 불구하고 실제로 성능을 입증한 알고리즘이 별로 없다는 점이 걱정스럽습니다. 양자역학이 모든 것을 가능케 하지는 않습니다. 양자 간섭을 활용할 수 있는 몇몇 드문 문제들만이 두각을 나타냅니다. 사실 양자 컴퓨터는 결코 우리의 데스크톱 컴퓨터를 대체할 수 없습니다. 매우 특정한 응용 프로그램을 위한 몇 가지 전문 프로그램을 실행하는 데에만 사용될 것입니다.

그렇다고 완전히 낙담할 필요는 없습니다. 개념적 또는 기술적 혁신이 당장 내일이라도 판도를 바꿀 수 있습니다. 지금까지 대부분의 개념은 물리학 분야에서 나왔습니다. 그러나 프로그래밍 분야에서 가장 빛나는 아이디어는 종종 유리 마닌 Yuri Manin 이나 피터 쇼어 같은 수학자 또는 정보학자의 열정적인 두뇌에서 탄생했습니다. 이 학제 간 협력이 이 분야의 강점이자 아킬레스건이기도 합니다. 이론정보학자와 양자물리학자 커뮤니티는 몇 년 전만 해도 서로를 모르고 있었습니다. 모든 면에서 완전히 달랐습니다. 전자는 상상력 외에는 제한이 없는 대담한 코드와 알고리즘을 설계하는 반면, 후자는 전자기 잡음, 레이저 출력 부족, 기계 진동 등의 실험적 문제에 직면해야 했습니다. 미래의 성공은 아마도 이 두 커뮤니티가 공통어를 구사하고, 양자 알고리즘과 '실제 실험'에서의 적용 방안을 함께 모색할 수 있느냐에 달려 있을 것입니다.

양자 스파이

암호를 해독하는 양자 알고리즘 방법과
그것을 방어하는 방법을 배우는 곳

9

1994년 박사과정 1년 차 때 저는 양자물리 실험의 혹독한 현실을 발견했습니다. 저는 초전도체 내 원자의 반응을 측정하기 위해 핵자기공명 분광기NMR를 사용해야 했습니다. 하루 대부분의 시간을 컴퓨터 화면에 스펙트럼이 나타나는 것을 지켜보며 보냈죠. 그 시절, 초창기 컴퓨터 시대에는 모든 것이 시간이 걸렸습니다. 컴퓨터 부팅, 프로그램 실행, 파일 열기 등…. 하지만 가장 오래 걸렸던 것은 '푸리에 변환'이었습니다. 이 수학 기법은 신호나 곡선을 주파수 스펙트럼으로 아름답게 변환시킵니다. 더 쉽게 말하자면 곡선의 규칙성을 해독하는 것이며, 우리 눈에는 보이지 않더라도 실제로는 반복되는 요소들, 바로 그것들의 주파수들을 찾아내는 것입니다.

당시에는 푸리에 변환 한 번에 몇 분씩 걸렸습니다. 저는 화면에서 카운트다운이 진행되었던 것을 기억합니다. 100… 90… 80… 이 끝없는 루틴을 몇 달 동안 겪다가, 우연히 '푸리에 변환'을 더 빨리 할 수 있는 알고리즘이 있다는 것을 발견했습니다. 곧바로 그 알고리즘을 프로그래밍했죠. 처음으로 그것을 테스트해 보려 했을 때의 순간이 생생합니다. 당시 저를 지도하던 일본인 박사 후 연구원 요시나리 요스케Yohsuke Yoshinari가 조용히 제 뒤에 서 있었습니다. 기적처럼 연산이 10초 만에 끝났습니다. 그러자 등 뒤에서 박수 소리가 들렸죠. 요스케가 그의 특유의 스타일로 저에게 박수를 친 것입니다. 저의 연구 세계에서 첫 번째 작은 승리였습니다.

하지만 저는 그 정확한 시기에 대서양 건너 미국의 한 수학자가 양자역학을 통해 더 강력한 새로운 푸리에 변환 알고리즘을 발명했다는 사실을 몰랐습니다. 그 알고리즘이 곧 전례 없는 성공을 거두어 전 세계 정보 기관들을 놀라게 할 줄도 몰랐습니다.

수학자의 순수한 아이디어

사람들은 종종 위대한 발견이 고립되어 몰두하는 과학자 개인의 작품이라고 생각하곤 합니다. 하지만 실제로는 대부분의 경우 거대한 레고 작품을 조립하듯 각자가 부분을 더해가며 여럿이 함께 이루어 냅니다. 피터 쇼어가 자신의 알고리즘을 발명한 것이 그 좋은 예입니다. 이 미국인 연구자는 1980년대에 처음 양자역학에 대해 들었습니다. 그때 그는 일부 수학 문제를 양자 컴퓨터로 더 효율적으로 해결할 수 있을지 궁금해했습니다. 이 의문은 몇 년 동안 미해결로 남아 있다가, 어느 날 그가 자신의 분야 주요 학술대회에서 발표자를 선정하는 위원회에 참여하게 되면서 해결의 실마리를 얻게 됩니다. 제출된 논문들 중 마이크로소프트 연구원 댄 사이먼Dan Simon의 논문이 그의 관심을 끕니다. 그는 푸리에 변환을 사용해 그래프 이론의 한 문제를 풀었는데, 결국 그 논문은 거절되었습니다.

하지만 사이먼의 아이디어가 쇼어의 머릿속을 맴돕니다. 그는 그것이 자신이 오랫동안 풀고자 했던 문제, 즉 어떻게 수를 소인수분해 하는지와 관련이 있다고 봅니다. 예를 들어 28이 7 × 4로 나타낼 수 있다는 것은 쉽죠. 그렇다면 2,649,292,969,207은 어떨까요? 답을 말씀드리면 426,011 × 6,218,837입니다. 이 두 수는 소수입니다.

사이먼의 '푸리에 변환' 사용법이 쇼어를 매료시킵니다. 그는 이를 양자 컴퓨터에서 계산하면 많은 시간을 절약할 수 있지 않을까 하고 생각합니다. 수학자 쇼어는 곧바로 작업에 착수합니다. 몇 달 후 그는 간단하고 우아한 알고리즘을 완성하는데, 이는 양자 푸리에 변환을 사용해 수를 소인수분해합니다. 동료들은 곧바로 찬사를 보냈습니다. "천재적이다!" 그의 발견은 이론 정보학자들의 작은 커뮤니티를 넘어 큰 파장을 불러일으킵니다. 쇼어가 발견한 내용을 처음 발표한 학회에 미국 국가안보국NSA 소속의 한 요원이 찾아와 발표 이후 비밀리에 그에게 자문을 요청했습니다. 쇼어의 알고리즘은 그저 수학자의 멋진 트릭이 아니었던 것입니다. 그것은 전 세계 암호화 및 보안 시스템 전반을 뒤흔들었습니다! 인터넷에서 널리 쓰이는 대부분의 암호화 코드는 컴퓨터가 큰 수를 소수로 빠르게 인수분해할 수 없다는 사실에 기반한 RSA 암호화 방식을 따르고 있었습니다.[1]

쇼어의 해법이 합리적인 시간 내에 소수를 찾을 수 있다면 모든 비밀 메시지가 해독될 수 있습니다! 은행 비밀이나 보안 통신, 비트코인조차 없어집니다. 더 나아가 해커들이 모든 컴퓨터 시스템, 의료기기, 페이스메이커, 비행기, 위성에 접근할 수 있다고 상상해 보세요! 다만 아직은 안심하세요. 쇼어의 알고리즘이 발표된 지 25년이 지났지만, 현재까지 달성한 세계 기록은 겨우 15를 소인수분해한 것입니다. 잘못 본 게 아닙니다. 최고의 양자 컴퓨터가 지금까지 15는 5 × 3임을 찾아냈습니다. 스파이들의 미래는 아직 밝습니다. 그렇지만 얼마나 오래갈까요?

양자 푸리에 변환

소수로 수를 분해하는 데는 산술학과 관련된 완벽한 방법이 있습니다. 수학 애호가들을 위해 주석에서 설명하겠습니다.[2]

다른 분들은 이 방법이 큰 수에 대해서는 시간이 너무 오래 걸려 잘 작동하지 않는다는 점만 기억하세요. 이것이 현재 가장 강력한 컴퓨터조차 617자리 수인 2048비트 RSA 같은 소수 기반 암호화 키를 깨는 것을 막고 있습니다.

그러나 쇼어의 천재성을 과소평가해서는 안 됩니다. 이 수학자는 시간이 오래 걸리는 연산이 양자 컴퓨터에서 '양자 푸리에 변환'을 통해 훨씬 더 빨라질 수 있음을 증명했습니다. 제가 박사학위 논문에서 적용했던 일반 푸리에 변환은 신호 내 반복되는 패턴을 감지하는 데 사용됩니다. 이 수학적 도구는 전자공학, 통신, 음향, 영상처리 분야 엔지니어들의 총애를 받고 있습니다. 쇼어는 양자 컴퓨터에서 이를 훨씬 더 빠르게 수행할 방법을 떠올렸습니다. 그는 양자 컴퓨터의 힘과 큐비트 간 간섭 능력을 활용했습니다. 쇼어가 제안한 회로 배선을 통하면 올바른 주기만 구조적으로 간섭하여 증폭되고, 나머지는 서로 상쇄되어 사라집니다. 다윈의 자연선택설 같은 느낌입니다. 알고리즘의 나머지 부분은 양자가 필요하지 않으며, 일반 데스크톱 컴퓨터로 충분합니다. 결국 유명한 RSA 2048을 해독하는 데 몇천 개의 큐비트만 필요하며, 시간 절약 효과는 기하급수적입니다!

잠시만 한순간 수학의 아름다움에 경탄해 봅시다. 쇼어는 그래프 이론, 푸리에 변환, 양자물리학 간의 연관성을 직관적으로 포착하여 마지막에는 산술 문제를 해결합니다. 가장 인상 깊은 점은 이 연구자가 전혀 관련 없어 보이는 문제들 사이에서 내재된 연결고리를 찾아내고, 완전히 별개인 분야 간의 연관성을 직관하여 불가능해 보이는 문제를 해결했다는 것입니다.

비밀번호 바꿀 필요 없어요!

이론 다음은 현실의 문제입니다! 쇼어 알고리즘에는 몇천 개의 큐비트가 필요하지만, 이러한 큐비트는 이론적으로 완벽한 큐비트입니다. 현재 0.1% 수준의 오류율을 가진 큐비트를 사용한다면 RSA 2048 암호를 해독하려면 100만 개가 필요할 텐데, 현재 기록은 200개를 넘지 못하고 있습니다.

이것뿐만이 아닙니다. 쇼어 알고리즘을 실행하는 몇천 개 이상의 수많은 게이트가 큐비트를 조작하는 데 필요합니다. 이 게이트는 단순한 반전이 아니라 정밀한 작은 기어와 같아서 필요하다면 큐비트를 0.01도만큼 회전시키는 위상이 제어된 회전을 수행합니다. 여기에서도 실험 물리학은 가혹합니다. 그레노블의 양자 및 이론 컴퓨터 전문가인 자비에 와인탈Xavier Waintal 연구원은 이 상황의 어려움을 생생히 설명합니다. 그의 주장은 계산 품질인 '충실도Fidelity'가 새로운 게이트가 추가될 때마다 저하된다는 사실에 기반합니다. 이 효과는 심지어는 기하급수적입니다. 와인탈은 다음과 같이 결론 내립니다.

"1000을 인수분해하고 싶고 각 게이트가 99% 충실도를 가진다면 성공 확률은 대략 exp(-1000)으로, 즉 거의 0에 가까울 것입니다."

와인탈은 단호히 말합니다.

"이것이 작동하려면 오류율이 매우 작아야 합니다."

요컨대 그의 의견에 따르면 쇼어 알고리즘이 미래에 효과적으로 작동할 가능성은 낮습니다.

게다가 성공한다 해도 수학자들은 이미 대비책을 마련했습니다. 그들은 양자 컴퓨터에도 침해될 수 없는 차세대 양자 암호를 고안했습니다.[3] 예를 들어 겉보기에는 단순한 기하학 문제들조차 해킹에 안전한 것으로 보입니다. 양자적인 공격이라 하더라도 말이죠.

부엌 타일을 상상해 보세요. 한 타일의 모서리에서 가장 가까운 다른 모서리를 찾아보세요. 바로 옆 모서리라고 대답하겠지만, 500차원 공간에서는 어떨까요? 연구자들이 선호하는 것은 이런 추상적인 문제입니다. 수학자 멜리사 로시Mélissa Rossi는 바로 이런 '유클리드 격자' 문제로 박사학위를 받았습니다. 그녀는 기본 타일 모양 같은 경우에는 답이 명확할 수 있다고 설명합니다. 하지만, 훨씬 복잡한 타일 모양을 주고 이전 타일 모서리까지만 알려 주면 가까운 두 점을 찾기가 매우 복잡해집니다. 이는 양자 컴퓨터에 대해서도 충분히 복잡해 뚫릴 수 없는 코드가 될 수 있습니다.

과연 지금부터 그런 암호를 연구하는 것이 의미가 있을까요? 멜리사 로시는 이렇게 경고합니다. 우리의 통신 내용은 암호화되어 있지만 이미 악의적인 세력에 의해 녹음되고 있을 수 있습니다. 수십 년 내에 쇼어 알고리즘이 실용화된다면 그들은 이 정보를 해독하고 개인 정보나 은행 거래 내역 같은 민감한 데이터에 접근할 수 있게 됩니다. 멜리사 로시가 박사학위 취득 후 ANSSI정보시스템 보안 국가기관에서 일하는 것도 무리는 아닙니다.

미국 국립표준기술연구소NIST는 2017년 최고의 차세대 양자 알고리즘 공모전을 열었습니다. 암호학자들의 올림픽 같은 행사입니다. 87개 후보작이 접수되어 오랜 선발 과정 끝에 7개의 국제 협력 코드만 남았습니다. 절반 이상의 최종 우승 후보에 프랑스 연구소가 참여했다는 사실은 이 분야에서 프랑스의 우수성을 입증합니다. NIST는 곧 새로운 국제 표준 코드를 결정할 것입니다. ANSSI는 운용 수명이 매우 장기적인 위성 등의 일부 기반 시설에 대해서라도 가능한 한 빨리 이 코드를 배포할 것을 권고합니다.[4]

비밀 암호에 대한 위협은 종종 양자 컴퓨터의 가장 큰 위험으로 제기되지만, 상황은 통제 가능합니다. 설사 쇼어 알고리즘을 작동시킬 기적의 해법이 나온다 해도 대체 암호가 이미 확인되어 곧 배포될 예정입니다.

그러나 쇼어의 업적을 완전히 무시해서는 안 됩니다. 그의 양자 푸리에 변환은 프로그래머들이 가장 좋아하는 도구가 되었습니다. 또한 그의 알고리즘 구조 자체도 영감의 원천이 되고 있습니다. 2009년 아람 해로우Aram Harrow, 아비나탄 하시딤Avinatan Hassidim, 세스 로이드Seth Lloyd는 자신들의 이름 앞글자를 본따 HHL 알고리즘을 만들었는데, 이는 행렬을 역행렬화하고 선형 연립방정식을 훨씬 더 효율적으로 풀 수 있게 합니다. 고등학생들을 즐겁게(?) 했던 '$3x + 2y = 8$'과 같은 것들 말이죠. 이 알고리즘은 소인수분해보다 훨씬 더 큰 반향을 불러올 수 있습니다. 이런 방정식은 기상 예측이나 약물 상호작용 예측 등 많은 분야에서 널리 사용되기 때문입니다.

앞으로 어떻게 될까?

도이치-조자의 최초 코드 이후 무수한 알고리즘들이 탄생했고, 그 응용 분야도 점점 더 유망해지고 있습니다. 우리는 그로버나 쇼어의 알고리즘을 다뤘습니다. 푸리에 변환, 진폭 증폭, 위상 추정 등 다른 알고리즘들도 같은 무기를 사용합니다. 그 응용 분야는 정렬, 검색, 인수분해, 주기 찾기, 방정식 풀기, 난수 생성, 시뮬레이션(14장 참조) 등으로 요약할 수 있습니다. 이것이 제한적으로 보일 수 있지만 이미 상당한 수준입니다. 많은 분야의 주요 인물들이 이러한 가능성에 기대를 걸고 놀라운 일들을 약속하고 있습니다. 대기업과 국가는 경제적·전략적 측면에서 잠재적인 격변을 예상하고 있습니다.

양자 컴퓨터가 약속하는 장밋빛 미래에 대한 상투적인 찬사는 제쳐두고 잠시 중간 평가를 내릴 때가 된 것 같습니다.

우선 지금까지는 그렇게 많은 알고리즘이 없다는 점을 인정해야 합니다. 최대 몇십 개 정도밖에 없습니다. 이는 단순히 작업 부족이나 커뮤니티의 미성숙 때문만은 아닙니다. 양자 컴퓨터는 일반 PC처럼 프로그래밍되지 않습니다. 고전 컴퓨터처럼 코드 줄을 늘려가며 비디오 게임이나 사진 편집 소프트웨어를 만들 수는 없습니다. 양자 컴퓨터의 강점을 활용하려면 큐비트 간 간섭을 촉발하고 해답이 드러나도록 하는 교묘한 방법을 찾아야 합니다.

이 부분에 대해서는 저는 낙관적입니다. 온라인에서 초심자도 프로그래밍을 배울 수 있는 많은 도구들이 있습니다. 전문가들이 유튜브에서 강의를 제공하고, 에뮬레이터로 자신의 프로그램을 테스트할 수 있으며, 나아가 원격으로 실제 양자 컴퓨터를 사용해 연습할 수 있습니다. 호기심 많고 열정적인 학생과 프로그래머들이 더는 혼자가 아닙니다. 이 커뮤니티는 계속 성장하며 새로운 방식으로 양자 컴퓨터를 활용하고 새로운 알고리즘을 만들어낼 것입니다. 하지만 한편으로는 물리학자들은 양자 컴퓨터 장치 자체를 만들어내야 합니다. 비공식적으로는 많은 이들이 양자 컴퓨터가 이러한 알고리즘들을 실제 이득을 줄 만큼 대규모로 효율적으로 돌릴 수 있을지 의심스럽다고 말합니다.

프로그래머들은 제게 다시금 천재 작곡가들을 연상시킵니다. 리스트와 같이 그들은 복잡하고 환상적인 곡을 써내고, 연주될 때의 감동에 대해 상상에 휩싸이게 합니다. 하지만 물리학자들이 그 악보를 받아 해독해 보면 너무 많은 음표와 너무 빠른 템포, 인간적이지 않은 건반 배치들로 인해 불가능함을 깨닫게 됩니다. 그럼에도 온 커뮤니티가 그 곡을 듣기를 기다리고 있습니다. 투자자, 정치인, 컴퓨터 전문가 모두가 물리학자들을 격려하며 조금만 더 끈기와 노력을 기울이면 분명해낼 거라고 환히 웃으며 말합니다. 리스트 자신도 자기 곡을 연주할 수 있었으니까요!

10

버그들

양자 컴퓨터는 왜
오류를 피할 수 없으며,
이를 어떻게 수정하려 하는가?

2003년 5월 18일, 벨기에에서 총선이 있었습니다. 처음으로 모든 국민이 화면에서 지지 후보를 선택하는 전자식 투표가 도입되었습니다. 오후 11시경, 운영을 총괄한 엠마누엘 윌럼스Emmanuel Willems IT 기사에게 한 통의 이상한 전화가 걸려왔습니다.[1] 브뤼셀 자치구 중 하나인 샤르베크 지역에서 문제가 발생했다는 것이었습니다. 마리아 빈더보헬Maria Vindevoghel 후보가 4,338표를 받았는데, 이는 가능한 유권자 수를 초과하는 표였습니다! 윌럼스는 곧바로 재계산을 시작했습니다. 2시간 후 새로운 결과가 나왔고, 다행히 더 일관성이 있었습니다. 빈더보헬 후보는 242표를 받은 것으로 수정되어 합리적인 수치가 되었습니다. 오류 원인을 찾던 윌럼스는 기계가 4,096표를 더 셌다는 것을 알아챘습니다. 그는 바로 문제의 원인을 깨달았습니다. 4,096은 단순한 숫자가 아닌 2의 12제곱임을 알고 있었기 때문입니다.

컴퓨터는 0과 1인 비트로 이진 계산을 합니다. 4,096표가 더 나온 것은 13번째 비트[2]에서 0에서 1로 잘못 바뀌었기 때문입니다. 그러나 기계 분석에서는 아무런 이상도 발견되지 않았습니다. 이 미스터리는 데이비드 글로드David Glaude가 개입하기 전까지 수수께끼로 남아 있었습니다.

오랫동안 전자 투표에 반대해 온 이 활동가는 문제의 주된 원인이 우주 복사선이라는 것을 발견했습니다. 우주로부터 온 이 방사선은 대기 내에서 뮤온, 파이온, 알파 입자, 중성자 등 미립자 급류를 낳습니다. 이들이 우리를 끊임없이 공격합니다. 그중 하나가 13번째 비트를 담당하는 트랜지스터를 쳐서 전자를 방출시키고 해당 부품을 교란시켰던 것입니다.

요컨대 극소수량의 우주 입자로 인해 투표 결과가 왜곡된 것입니다! 이 현상은 매우 드물지만 가능하며, 계산을 확인하는 것 외에는 방지책이 없습니다. 이후로 비행기, 인공위성, 무기 등 중요 시스템을 운영하는 프로그램은 중성자에 의한 오류를 방지하기 위해 계산을 2~3회 중복 실행합니다.

양자 컴퓨터 역시 불가피한 '버그'가 있는데, 작은 차이가 있습니다. 바로 계산을 중복할 수 없다는 점입니다. 양자 법칙상 '디버깅'이 금지되어 있습니다.

치명적인 오류들

오류에 전체 장을 할애하는 일은 물리학과 같은 엄밀하고 정확한 학문 분야에서는 드문 일입니다. 그럼에도 이 주제는 모든 논쟁의 핵심입니다. 일부는 양자 컴퓨터의 미래를 의심할 유일하고 진정한 이유로 보지만, 다른 이들은 오류를 수정하고 해결할 수 있다고 생각합니다. 적어도 진단 자체에는 모두가 동의합니다. 이것이 주요 문제이며, 양자 컴퓨터를 유용하게 사용하려면 반드시 해결해야 합니다. 이 분야 이론가 중 한 명인 애서 페레스Asher Peres가 좋아하는 말대로 "양자 현상은 힐버트 공간에서 발생하는 것이 아니라 실험실에서 발생합니다." 수학적 공간에서 고안된 가장 정교한 알고리즘조차 기계의 현실과 불완전함을 피할 수는 없습니다.

"어떤 실험에서든 결함은 있기 마련이지만, 그렇다고 수많은 물리학자들이 측정을 포기하지는 않았습니다."라고 반박할 수 있겠죠. 하지만 양자 컴퓨터는 독특합니다. 이를 지배하는 법칙 때문에 작은 오류도 치명적인 재앙이 됩니다. 먼저 오류를 감지할 수 없습니다. 진행 중인 계산을 중단해서 검사할 수 없기 때문입니다. 그런 검사를 하려면 시스템의 상태를 측정해야 하는데, 그렇게 되면 모든 상태의 중첩이 무너지고 계산 자체를 무의미하게 만들어 버립니다. 계산을 복제해서 테스트할 수도 없습니다. 복제가 '복제 불가능성 정리'에 의해 금지되어 있기 때문입니다. 이 양자역학의 기본 원리는 큐비트를 복제하면 원본이 파괴된다고 말합니다.

요컨대 양자 계산을 제대로 수행하려면 그냥 내버려 두어야 합니다. 과정을 통제하거나 복제본을 분석하는 것은 불가능합니다. 이런 특별한 규칙 때문에 재앙이 벌어지기 쉽습니다. 예를 들어 당신이 현재 가장 좋은 양자 컴퓨터를 구매했다고 가정해 봅시다. 오류율이 0.1%라고 칩시다. 즉 평균적으로 1,000번의 연산 중 한 번 오류가 난다는 뜻입니다. 별로 나쁘지 않다고 할 수 있겠죠. 하지만 유용한 계산을 하려면 최소 10만 번에서 100만 번의 단계가 필요하다는 사실을 잊고 있습니다! 따라서 평균적으로 100번에서 1,000번의 오류가 알고리즘 과정에서 발생하게 되며, 이를 감지할 수 없습니다. 다시 말해 무조건 계산 결과가 잘못되리라는 것을 미리 확신할 수 있습니다.

발생 가능한 재난

양자 컴퓨팅의 미래에 대한 의견을 갖기 위해서는 오류 문제를 진지하게 다뤄야 합니다. '게이트 오류', '위상 오류', '비트 오류' 등 오류는 너무나 많습니다. 이런 오류는 어디서 오는 것일까요? 어떤 오류가 가장 심각할까요? 어떻게 수정할 수 있을까요?

먼저 구체적으로 이런 오류가 무엇인지 설명하는 것에서 시작해 봅시다. 다시 블로흐 구 개념으로 돌아가서, 큐비트를 구 표면 위를 움직이는 점으로 생각해 봅시다. 이런 지리학적 관점에서 알고리즘은 여러 큐비트가 지구 표면을 여행하는 것을 짜주는 여행사와도 같습니다.

양자 컴퓨터에서 발생하는 버그들

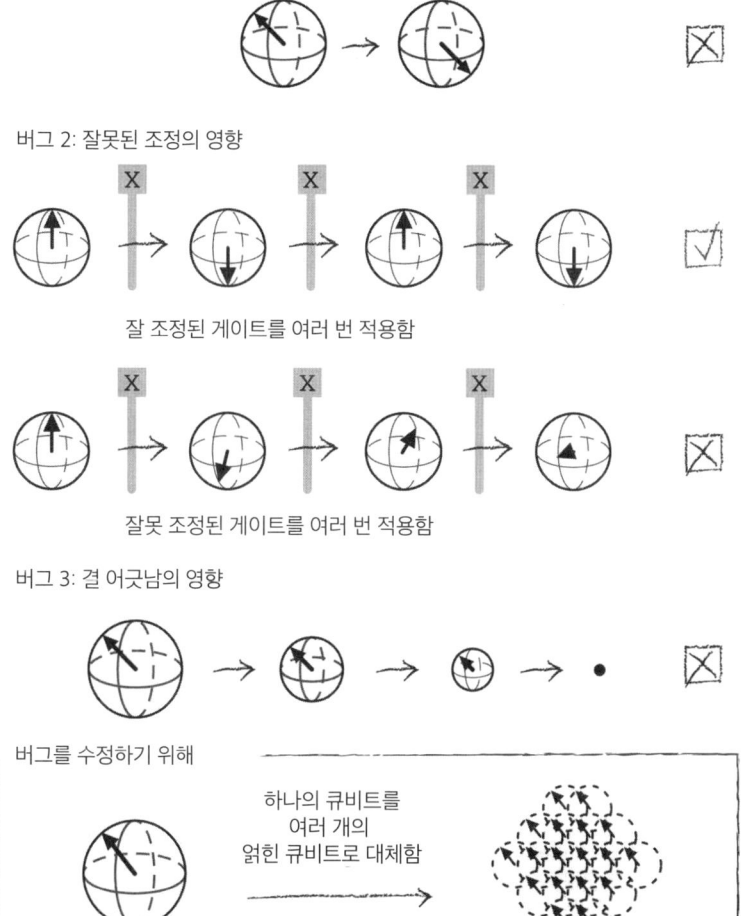

여러 가지 오류가 양자 알고리즘의 결과를 왜곡할 수 있습니다. 이러한 오류의 영향을 큐비트가 화살표로 표현되는 블로흐 구에서 잘 시각화할 수 있습니다.

하지만 여정의 각 단계에서 오류가 발생할 수 있습니다.

가장 단순한 오류는 비트 반전입니다. 0이 1이 되거나 1이 0이 되는 것입니다. 북극에 있다가 갑자기 남극으로 텔레포트되는 것과 같습니다! 다른 가능한 오류는 위상 반전으로 위도가 아닌 경도가 바뀌는 것입니다. 뉴욕을 방문하다 갑자기 베이징에 있게 되는 것과 같습니다. 오류는 초기 준비 과정에도 영향을 미칠 수 있습니다. 프랑스에서 출발할 것으로 생각했다가 불행히도 비행기가 몬트리올에서 출발하게 되는 식입니다.

이런 오류는 갑작스럽고 무작위적입니다. 하지만 더 나쁜 오류도 있습니다. 게이트에 의해 수행되는 연산, 즉 지구 위를 이동시키는 연산은 되거나 아예 안 되거나 하는 방식으로 작동하지 않습니다. 일반 컴퓨터의 스위치와는 전혀 다릅니다. 예를 들어 180도 회전 게이트에 약간의 조정 오차가 있을 수 있습니다. 세계 여행에서 이는 목적지보다 수백 킬로미터 남쪽에 착륙하는 것과 같습니다. 한 번이라면 그렇게 심각하지 않습니다. 하지만 전형적인 알고리즘에서는 그런 게이트가 수백 번 동원됩니다. 오류가 누적되어 결국 큐비트는 목적지 반대편에 도착하며, 여행은 실패하게 됩니다.

따라서 양자 오류는 큐비트의 궤적을 무작위로 바꾸고 예기치 않게 발생하며 탐지할 수 없는 악몽과 같습니다. 마치 이것만으로도 부족한 것처럼, 다른 현상 역시 상황을 더욱 복잡하게 만듭니다. 앞에서 잠깐 언급한 결 어긋남 현상이 그것입니다. 주변 환경과 상호작용하면서 큐비트는 열화됩니다. 모든 큐비트는 근처 입자들과 얽히려 합니다. 하지만 너무 많은 이웃과 결합하려 하다 보면 결국 자신의 중첩 상태를 유지할 수 없게 됩니다. 역설적이게도 다른 입자들과 양자적으로 교류하려다가 큐비트 자신조차 양자성을 잃게 되는 것입니다. 이는 갑작스럽게 일어나지 않습니다. 이 효과는 '결맞음 시간'이라 불리는 기간에 걸쳐 점진적으로 발전합니다. 이는 더 이상 여행 중 잘못된 이동이 아닙니다. 훨씬 더 심각합니다. 여기서는 전체 지구가 점점 수축하다가 결국 자체 안으로 무너집니다. 결맞음 시간이 지나면 큐비트는 단순한 비트로 돌아가 아무 소용이 없게 됩니다.

결 어긋남을 피하기에 충분히 빨리 계산을 수행하고 중간에 몇 가지 오류만 발생한다면 아마 그렇게 상황이 비극적이지는 않을 것입니다. 하지만 실제로는 그보다 더 걱정스럽습니다. 충실도fidelity는 양자 컴퓨터의 성능을 평가하는 기준이자 신뢰도와 같은 척도입니다. 실제 측정으로 얻어진 결과와 이상적인 상황 사이의 비율을 계산합니다. 1에 가까울수록 기계 성능이 좋습니다. 그런데 이 충실도는 컴퓨터 규모가 커질수록 기하급수적으로 감소합니다. 게이트 수가 두 배가 되면 충실도는 절반으로 떨어지는 것이 아니라 제곱으로 감소합니다. 0.9의 충실도가 20단계의 계산만으로 0.1로 떨어지게 됩니다.

이에 대한 증거가 있습니다. 2019년 구글이 양자 우위를 달성했다고 주장한 시카모어 컴퓨터의 게이트 충실도가 0.986, 거의 1에 가까웠습니다. 하지만 계산 말기에는 0.002로 떨어졌습니다. 이는 참사에 가까운 수준입니다.

오류가 단순히 사소한 기술적 장애가 아니라 가장 우선시되어야 할 주요 문제라는 점이 명확해졌습니다.

그냥 해결하면 되지…

모든 훌륭한 엔지니어들이 말하듯이, 오류가 방해가 된다면 그 원인을 제거하면 됩니다. 유용한 알고리즘을 실행하려면 오류율을 최소 1,000배에서 10,000배 줄여야 합니다. 따라서 이제 불완전함의 근원을 찾아 원천적으로 문제를 한번에 해결하면 됩니다.

그런데 사실 이 오류들은 어디에서 오는 것일까요?

선택한 기술에 따라 다릅니다. 이온 트랩 컴퓨터에서는 이온 자체는 완벽하고 범용적입니다. 문제는 나머지 요소에서 옵니다. 진공이 완벽하지 않으면 잔여 분자들이 떠다니며 이온을 방해할 수 있습니다. 전기 트랩 역시 약간의 변동이 있다면 잡음의 원천이 됩니다. 큐비트를 조작하는 레이저 펄스에 조금의 불완전함이 있어도 이온 사슬에 오류가 발생합니다.

구글이나 IBM의 초전도 컴퓨터에서는 레이저 대신 마이크로파가 사용되는데, 이 또한 결코 완벽하지 않습니다. 예를 들어 초기에 잘못 보정되었을 수 있습니다. 게다가 이번에는 큐비트가 극저온 챔버에 있는 작은 전기 회로입니다. 이들의 동작은 주변의 전기적·자기적 잡음에 매우 민감합니다. 온도의 미세한 변화도 성능에 영향을 미칠 수 있습니다. 또 다른 큰 문제는 초전도 방식에서 큐비트는 마이크로미터 수준에서 알루미늄으로 새겨진 회로라는 점입니다. 아무리 주의를 기울인다고 하더라도 만들어진 큐비트들이 결코 완벽히 똑같지 않을 것입니다. 터널 접합의 이물질이나 접합 크기 차이 등 작은 불완전함으로도 큐비트 간 차이가 생겨 새로운 오류가 발생합니다. 앞에서 언급한 우주 복사선 입자들도 시스템을 방해할 수 있습니다.

일반적으로 기술에 관계없이 오류는 세 가지 결함에서 비롯됩니다. 잘못 맞춰진 설정값, 큐비트 간 차이, 온도나 전기장 변화 등으로 인한 주변 잡음이 그것입니다. 마치 당신의 손목시계가 당신이 움직이거나 주변 온도가 변하거나 전자 기기에 접근할 때마다 조정이 흐트러지는 것과 같습니다.

양자 컴퓨터는 지나치게 민감한 존재입니다. 물리학자의 관점에서 현재 달성된 오류율은 이미 놀라운 정도입니다. 이는 20년 간의 연구자들의 투쟁의 결과이며, 결코 나쁜 수준이 아닙니다. 계속 노력하면 된다고 말하겠지만, 몇 가지 세부 조정으로 될 일이 아닌 자체 설계의 모든 요소를 천 배는 개선해야 합니다! 그렇다면 양자 컴퓨터는 완전히 실패작일까요?

마침내 좋은 소식

양자 기술의 미래가 갑자기 매우 암울해 보입니다. 이때 피터 쇼어가 다시 한번 구원의 손길을 내밉니다. 양자 소인수분해 알고리즘을 발견한 바로 그 쇼어입니다. 소인수분해 알고리즘을 발견한 지 1년 만에 그는 양자 무대로 돌아와 새로운 아이디어, 오류 수정 코드를 내놓습니다. 애셔 페레스의 논문에 영감을 받아, 그는 양자 원리에도 불구하고 혹은 양자 원리 덕분에 운용 가능한 오류를 수정할 방법을 고안해 냅니다. 이 분야의 전문가인 스티븐 걸빈Steven Girvin은 이 해법이 커뮤니티에 주는 의미를 이렇게 표현합니다.

"오류 수정이 가능하다는 사실은 양자 계산 자체가 가능하다는 것보다 더 기적 같습니다."

사실 쇼어는 양자 컴퓨팅의 세 가지 금기, 즉 측정하지 않기, 중간에 멈추지 않기, 복사하지 않기를 피해가는 방법을 찾아냈습니다. 어떤 큐비트 동작에 오류가 발생했는지 확인하기 위해 또 다른 새로운 큐비트와 얽히게 하는 천재적인 생각을 한 것입니다.

큐비트의 원리적인 측면에서 보면 목표는 명확합니다. 그것은 큐비트를 제어하고, 오류가 감지되면 그것을 측정하지 않고 바로잡는 것입니다. 쇼어는 알고리즘을 시작하기 전에 계산에 쓰일 큐비트를 다른 2개의 큐비트와 얽히게 하는 것을 제안합니다. 이 세 큐비트를 피터, 안나, 마리라고 부른다면, 이 세 친구에게 정확히 동일한 계산 단계를 수행하게 합니다.

계산 중에 큐비트 중 하나에 반전과 같은 오류가 발생했는지 확인하고 싶다고 가정해 봅시다. 이를 위해 2개의 다른 큐비트를 사용합니다. 일종의 양자 경찰들입니다. 첫 번째는 피터와 안나를 비교하고, 두 번째는 안나와 마리를 비교합니다. 그런 다음 이 두 경찰을 비교합니다. 그들의 상태는 세 친구가 모두 같은 상태인지 여부를 보여줍니다. 괜찮습니까? 그렇다면 여행을 계속할 수 있습니다. 그렇지 않다면 세 여행객 중 한 명이 다른 두 명과 다른 상태라는 뜻입니다. 이 경우 오류가 발견되었을 뿐만 아니라 반전을 통해 수정됩니다.

이 교활한 방법에 주목하세요. 처음 3개의 큐비트는 그 값들이 직접 측정되지 않았고 단지 동일성 여부만 비교되었습니다. 얽힘의 법칙이 이 작은 기적을 허용합니다. 페레스는 이미 1985년에 이 3개의 큐비트 시나리오를 제안했습니다. 쇼어는 이를 기술적으로 가능하게 하고 다른 유형의 오류 수정을 추가함으로써 획기적인 개선을 달성했습니다. 그러나 이 이상적인 시나리오에는 허점이 있습니다. 아이러니하게도 오류 검사 중에 오류가 발생하면 어떻게 될까요? 쇼어는 이 문제를 인식하고 있었습니다. 그는 오류 내성이라는 기이한 개념을 도입합니다. 그는 올바른 오류 수정 코드로 설계된 알고리즘은 어느 한계선을 넘지 않을 정도의 오류를 견딜 수 있다는 것을 보여 주었습니다. 궁극적으로 이론은 여기서 매우 기술적인 디버깅 문제에 대한 해결책을 제시합니다.

다른 오류 수정 코드 전문가인 바바라 터할 Barbara Terhal은 이 과제를 다음과 같이 요약합니다.

"양자 컴퓨터를 구현할 수 있는지, 그리고 어떻게 할 수 있는지 알아내는 것은, 단순한 엔지니어링 문제가 아니라 오늘날 물리학의 가장 근본적인 문제 중 하나라고 생각합니다."

논리적인가, 물리적인가?

사소해 보이지만 이 분야의 전문가와 일반인을 구별하게 해 주는 용어에 대해 알아보겠습니다. 쇼어와 동료들의 논문 이후로 커뮤니티는 보통의 큐비트, 즉 이 책에서 계속 언급해 온 포획된 이온, 초전도체 회로, 광자 등을 '물리적 큐비트'라고 부르기로 결정했습니다. 이들이 겪는 오류를 수정하려면 각각을 동일한 다른 큐비트들과 얽히게 한 다음 정기적으로 탐지해야 합니다. 이 작은 편대, 큐비트와 그 복제본의 합을 '논리적 큐비트'라고 부릅니다.

알고리즘에서 이론적으로 1,000개의 큐비트가 필요하다면 머릿속으로는 '1,000개의 논리적 큐비트'로 해석해야 합니다. 이것이 버그를 수정하기 위한 필수 조건입니다. 이 구분은 단순한 의미상의 구분이 아닙니다. 오류율이 0.1~1% 사이이므로 각 논리적 큐비트에는 오류를 수정하기 위해 최소 1,000~10,000개의 물리적 큐비트가 포함되어야 합니다. 따라서 이러한 기계를 작동시키는 데 필요한 큐비트 수를 1,000배에서 10,000배까지 늘려야 합니다.

이 설명을 염두에 두고 언론매체에 넘쳐나는 주장들을 해석하는 게임을 해봅시다. 어떤 하이테크 웹사이트의 헤드라인은 다음과 같습니다.

"양자 컴퓨터는 단 100개의 큐비트로 질소 비료 문제를 해결할 수 있습니다!"

최근 IBM이 127개의 초전도체 큐비트를 가진 '이글Eagle'이라는 최신 양자 컴퓨터를 발표했다는 것을 알고 계십니까? 여러분 생각에 IBM은 질소 비료 문제를 해결하고 세계 에너지 소비량의 2% 이상을 절약할 수 있을까요?

비료 문제를 해결하려면 확실히 100개의 큐비트가 필요하지만, 논리적 큐비트입니다. 각각은 10,000개의 물리적 큐비트에 해당합니다. 결국 필요한 컴퓨터는 100 × 10,000인 100만 개의 물리적 큐비트를 가져야 하는데, IBM이 자랑스럽게 내세운 127개와는 거리가 멉니다. 이 용어상의 미묘한 차이만으로도 많은 매체의 부풀려진 주장을 바로잡을 수 있습니다. (역자주: 2023년 12월 IBM은 1,121 큐비트를 가진 Condor를 발표했다.)

가장 큰 도전

쇼어의 초기 제안 이후 수정 코드의 효율성을 높이기 위해 여러 모델이 개발되었습니다. 표면 코드, 캣 큐비트, 안정화 장치 등 이 분야는 계속 발전하고 있습니다. 하지만 실제 실험실에서는 불행히도 현재 최고의 오류 수정 코드는 몇 개의 큐비트에서만 작동합니다.

걸빈은 "이것이 이 분야가 직면한 진정한 큰 과제이며, 우리는 아직 시작에 불과합니다."라며 솔직히 인정합니다. 더욱이 대부분의 코드는 표준 큐비트 오류만 수정할 뿐입니다. 일부 버그는 완전히 빠져나갑니다. 가장 심각한 것은 한번에 여러 개의 큐비트에 동일한 식으로 영향을 미치는 오류들입니다. 예를 들어 모든 큐비트를 들뜨게 하고 잘못된 에너지 준위로 보내는 잘못 조정된 레이저를 상상해 보세요. 오류 수정 코드는 큐비트를 비교하여 잘못된 것을 찾으려 하지만, 모든 큐비트가 동일한 오류를 겪었기 때문에 검출할 수 없습니다. 따라서 오류 수정 코드는 아직도 더욱 개선되어야 합니다.

결국 모든 것은 다음과 같은 패러독스로 요약됩니다.

더 강력한 컴퓨터가 필요합니다.

⬇

큐비트와 게이트 수를 늘립니다.

⬇

오류 수가 증가합니다.

⬇

컴퓨터가 쓸모없게 됩니다.

이 상황을 극복하기 위해 희망적으로 오류 수정 코드를 적용하지만, 악순환에 직면하게 됩니다.

각 큐비트에 오류를 수정하기 위해 복제본을 추가합니다.

⬇

예상보다 1,000배 많은 큐비트가 필요합니다.

⬇

따라서 1,000배 큰 기계를 설계해야 합니다.

⬇

크기 때문에 큐비트를 잘 제어하면서 컴퓨터를 제작하기가 어려워집니다.

⬇

컴퓨터가 쓸모없게 됩니다.

이것이 양자 컴퓨터의 실존적 비극입니다. 큐비트를 정밀하게 제어하고 싶지만, 이와 동시에 규모를 키우는 것은 매우 어렵다는 상호 모순되는 큰 문제가 있습니다. 오류 수정 코드 개발자 중 한 명인 존 프레스킬 John Preskill 은 어느 정도 낙관론을 주장합니다. 하지만 그는 커뮤니티에 경고합니다. 야심찬 목표를 세우는 것과 과도한 기대를 불러일으키는 것은 다르다는 것을!

빛이 있으라!

11

양자 계산을 위해
빛을 어떻게 조작할 수 있는지…
빛이 너무 빠르게 움직이더라도!

 이 실험 자체는 양자적인 것은 아니지만 저는 똑같이 매료되었습니다. 미주리주 세인트루이스에 있는 한 팀이 작은 테이블 위에서 실험을 진행했습니다. 레이저, 몇 개의 거울과 렌즈, 그리고 큰 검출기가 있습니다. 이것들이 합쳐져 초당 1,000억 장의 이미지를 촬영할 수 있는 세계에서 가장 빠른 카메라가 됩니다. 이런 속도는 일상생활을 촬영하는 데는 별로 쓸모가 없습니다. 일상의 움직임은 너무 느려서 100분의 1 나노초당 한 장의 이미지로는 아무 움직임도 포착할 수 없기 때문입니다. 오직 빛만이 이런 혁신적인 기술이 의미 있을 만큼 충분히 빠릅니다.
 미주리의 물리학자들은 레이저 빔을 촬영하여 기계를 테스트했습니다. 꽉 닫힌 어두운 방에서 카메라가 촬영 준비를 마치자 짧은 레이저 펄스가 거울을 향해 발사됩니다. 영상은 약간 흐린 큰 빨간 점이 직선으로 진행하다가 거울에서 반사되어 반대 방향으로 되돌아가는 모습을 보여줍니다.[1] 이미지 품질은 명백히 좋지 않습니다. 그럼에도 불구하고 제가 이 영상을 학생들에게 보여주면서 그들이 인생에서 처음으로 빛이 진행하는 것을 본 것이라고 강조할 수 있었습니다.

그러나 이러한 기술적 도전도 빛 기반 양자 컴퓨터를 만드는 아이디어 자체에 비하면 초라합니다. 이런 기계를 설계하려면 빛을 촬영하는 것만이 아니라, 하나하나의 광자로 빛을 분해한 다음 이 광자들을 얽히게 하고, 알고리즘의 각 새로운 단계마다 조작해야 합니다. 양자 컴퓨팅의 모든 어려움이 여기에서도 피할 수 없이 대두되며, 여기에 새롭고 가장 어려운 제약 조건이 추가됩니다. 이 큐비트들은 어쨌든 초당 30만 km로 진행합니다. 모든 것이 빨라야 합니다!

꿈이자 악몽

이론적으로 광자는 이상적인 큐비트로 보입니다. 0과 1을 코딩하기 위해 그것이 가진 전기장의 방향인 편광을 활용할 수 있습니다.[2] 수직 편광은 0, 수평 편광은 1을 의미합니다. 냉각 없이도 일반적인 광학 도구로 쉽게 제어할 수 있습니다. 포토닉스 분야의 발달 덕분에 이러한 모든 요소들을 칩에 축소할 수 있고, 필요하다면 양자통신 모듈에 연결할 수도 있습니다. 마지막으로 이 광자는 매우 낮은 결 어긋남을 갖는데, 이는 양자 수명이 놀랍도록 길다는 것을 의미하므로 긴 계산을 수행할 시간이 충분합니다.

하지만 이러한 장점은 실제로 큰 단점을 숨기고 있습니다. 낮은 결어긋남은 광자가 주변 환경과 거의 상호작용하지 않는다는 것을 의미합니다. 당연히 전하나 질량이 없는 이 입자는 전기장이나 중력을 거의 느끼지 못합니다. 따라서 광자를 다른 광자와 상호작용시키는 것은 매우 어렵습니다. 홀로 지내고 싶어하며 초당 30만 km를 질주하는 이 큐비트를 가지고 어떻게 양자 게이트를 만들고 어떻게 두 큐비트를 얽히게 할 수 있겠습니까?

3명의 뉴욕 물리학자 Hong, Ou, Mandel가 이에 대해 해결책을 제시했습니다. 연구원들은 일종의 양자 교차로를 설계했습니다. 한 광자가 북쪽에서 오고, 다른 하나는 서쪽에서 옵니다. 만나는 지점에 반거울이 놓여 있습니다. 광학에서 널리 사용되는 이 특수한 거울은 빛의 절반만 통과시키고 나머지는 반사합니다. 적절한 방향으로 배치되면 이 물체는 각 광자가 계속 직진하거나 90도 회전하게 만듭니다. 교차로 한 가운데 있는 교통경찰과 비슷합니다. 결국 두 입자는 같은 길로 가거나 각자 다른 방향으로 갈 수 있습니다.

그러나 양자물리학에서는 모든 입자가 진동하는 파동처럼 작용하므로 동일한 입자들끼리는 서로 간섭할 수 있습니다. 광자도 예외가 아닙니다. 여기서 두 광자가 다른 경로를 선택하면 파괴적 간섭이 일어나는데, 총 진폭이 0이 되어 그 현상이 존재할 가능성이 사라집니다. 반대로 광자들이 같은 경로로 가면 그들의 파동이 완벽히 더해집니다. 조금 덜 수학적이게 표현하자면, 동일한 두 광자를 반거울에 보내면

서로 다른 길을 갈 선택권이 있더라도 항상 같은 경로로 갈 것입니다. 이것은 양자론의 가장 단순하지만 가장 놀라운 실험 중 하나입니다. 한 광자의 존재가 다른 광자의 운명에 영향을 미치므로 두 광자가 상호작용하는 것입니다. 따라서 2개의 큐비트 게이트를 만드는 이상적인 요소입니다.

이제 우리는 광자 컴퓨터를 만들 준비가 되었습니다.

테이블 위 300개의 거울

우리에게는 두 가지 방법이 있습니다. 전통적인 광학 테이블 방식과 미래지향적으로 모든 것을 칩에 축소하는 방식입니다. 첫 번째 선택은 비교적 덜 까다롭습니다. 단단하고 안정적인 테이블 위에 필요한 모든 거울, 렌즈, 반거울을 설치하고 레이저로 하나씩 광자를 보내어 나갈 때 편광을 측정하면 됩니다. 이것이 2020년에 발표되어 주목받은 두 편의 중국 연구 팀 논문에서 실제로 사용된 방법입니다.

지안 웨이 판 Jian-Wei Pan 의 팀은 경쟁사처럼 2~3개의 큐비트를 테스트하는 데 그치지 않고 무려 100개 가까운 큐비트를 다뤘습니다! 실험 규모가 엄청났습니다. 광학 테이블에는 수백 개의 거울과 반거울이 놓여 있고, 100개 이상의 광원과 검출기가 연결되어 있습니다. 외부에서 보면 엉망진창이지만, 전문가 관점에서는 정밀함의 결정체입니다. 결과 또한 실험적 도전 과업에 부응합니다. 이 팀은 200초 만에 계산을 수행했는데, 일반 컴퓨터라면 수백만 년이 걸렸을 것입니다. 구글에 이어 두 번째로 양자 우위를 달성한 것으로 보입니다. 다시 한번 말하지만, 수행된 계산 자체는 아무 쓸모가 없고 단지 고전 마이크로프로세서에 대비한 이점을 보여주기 위한 것입니다.[3]

하지만 실험 기구의 사진을 보는 것만으로도 연구 팀이 어떤 형태의 한계에 도달했다는 것이 분명해 보입니다. 100개의 광자를 조작하는 데 성공한 것만으로도 이미 대단한 일이었고, 1,000개나 10,000개로 넘어가는 것은 불가능해 보입니다. 광자 컴퓨터는 한계에 도달했을까요?

싸이퀀텀 PsiQuantum의 수장 제레미 오브라이언 Jeremy O'Brien 은 단호히 "아니오"라고 대답합니다. 그는 자신의 스타트업 회사 사이트의 헤드라인을 통해 이 입장을 분명히 밝혔습니다.

> "작은 수의 큐비트를 만드는 방법은 여러 가지가 있지만, 100만 개 이상의 큐비트로 범용 양자 컴퓨터를 설계하는 유일한 방법은 광자 기술입니다."

이 약속 하나만으로 브리스톨 출신의 이 전 연구원은 이미 투자자들로부터 6억 달러 이상을 조달했습니다. 광자학(포토닉스) 기술은 오래된 것으로부터 새것을 만드는 기술이기 때문입니다. 전자공학의 방식을 빌려와 광자에 적용합니다.

마이크로프로세서가 전자를 조작하는 것처럼 광자 회로는 광자를 안내하고, 혼합하고, 분류하고, 검출합니다. 이런 회로를 제작하는 기술은 에칭, 리소그래피, 클린룸 등 실제로 반도체에 기반을 둔 기존 칩 제조 기술과 매우 유사합니다. 이것이 오브라이언의 낙관론을 설명해줍니다. 마이크로프로세서 제조 기술이 광자를 효과적으로 조작할 수 있다면 기존 전자공학에서 개발된 모든 노하우가 빛에 적용될 수 있습니다. 그러면 회로의 놀라운 소형화 능력을 활용할 수 있고, 아마도 대규모 양자 컴퓨터로 가는 길이 열릴 수 있을 것입니다.

물질 조각하기

광자 컴퓨터는 광자를 생성하는 영역, 광자를 조작하는 영역, 그리고 광자를 검출하는 마지막 영역 세 부분으로 나뉩니다. 이들 각 블록에는 창의성의 보물이 숨겨져 있습니다.

광자를 만드는 방법에는 두 가지가 있습니다. 우선 직접적인 방법입니다. 푸른 레이저가 '비선형'이라고 불리는 특별한 종류의 결정체를 비추면 빨간색 광자 쌍이 만들어집니다. 아주 약하게 비추면 때때로 단일 광자 쌍이 검출됩니다. 쌍을 이루는 광자 중 하나는 품질 관리에 사용되며, 테스트를 통과하면 나머지 광자는 신뢰할 수 있습니다. 불행히도 이 과정은 매우 비효율적이어서 몇 %의 광자만 사용 가능합니다. 따라서 광원과 제어 장치의 수를 늘려야 합니다. 이것이 싸이퀀텀의 도전입니다.

또 다른 방법은 정교한 것입니다. 물리학자 파스칼 세넬라르Pascale Senellart가 전문가입니다. 화려한 수상 경력이 빛나는 그녀는 CNRS와 파리-사클레 대학의 광자학 및 나노구조 연구소에서 연구를 수행하고 있습니다. 원래 공공 연구계의 기초과학자인 그녀는 최근에는 스타트업 콴델라Quandela를 공동 설립하며 민간 부문으로 한 발자국 내딛었습니다. 그녀가 순수 원자물리학을 전공하지 않은 것이 흥미롭습니다. 그녀의 말을 빌리면 다음과 같습니다.

"원자는 너무 깨끗했어요. 반도체에는 무한히 복잡한 시스템이 있지만 궁극적으로는 매우 단순한 모델입니다. 우리는 물질을 조각할 수 있죠. 고체 물리학의 무질서를 정화된 양자역학 개념과 결합시키려는 노력이 정말 좋습니다."

그녀는 나노미터 단위로 반도체를 조각하여 인공 원자를 만드는 방법을 배웁니다. 원자의 역할은 '양자 점'이라고 불리는 일종의 나노 렌즈가 맡습니다. 이 나노 렌즈는 전자를 가두고 광자를 방출합니다(12장 참조). 전체 구조는 정교하게 배합된 합금 층으로 이루어진 기둥 안쪽에 삽입됩니다. 이 마이크로미터 기둥은 내부 작은 점에서 방출된 빛을 형상화하고 안내합니다. 클린룸에서 광감광성 레진, 브래그 거울 및 기타 마법(?)을 사용한 수년간의 작업 끝에, 이 마이크로미터 크기의 집합체는 마침내 훌륭한 광자 소스가 됩니다. 2016년 기다리던 성공을 달성했습니다. 이 장치는 사용자가 원할 때 순수하고 밝은 단일 광자를 경쟁 제품보다 50배에서 100배 높은 효율로 만들어 냅니다. 이상적인 광자 소스가 탄생한 것입니다.

이 문제가 해결되자 이제는 광자를 사용해 계산을 해야 합니다. 여기서도 단순히 패턴을 새겨 작은 채널을 만드는 광자 기술의 마법이 빛을 안내할 수 있게 해줍니다. 여정은 짧지만 알찬 결실을 맺습니다. 일종의 간섭계와 양자광학의 기술을 펼치면 광자가 양자 알고리즘을 따르도록 만들 수 있습니다. 여정의 마지막 단계에서는 각 광자가 어디로 가고 어떤 상태인지 측정하는 일만 남습니다. 현재 최고의 검출기는 매우 얇은 초전도체 와이어일 뿐입니다. 광자가 와이어를 때리면 가열되어 약간의 저항이 생기며, 이를 통해 광자가 부딪혔음을 알립니다. 이는 파리를 잡을 때마다 치지직대는 전기 파리채를 떠올리게 합니다.

모든 부품이 마지막 대단원을 위해 준비된 듯 보입니다. 그러나 이 광자 컴퓨터로는 아직 실용적인 알고리즘을 거의 프로그래밍할 수 없습니다. 주된 문제는 2개의 큐비트 게이트에서 비롯됩니다. 사실 설계상 이 게이트는 최대 50%의 확률로만 임의로 작동하며, 이는 규모의 확장이 불가능하게 만듭니다.[4] 이 장애물을 극복하기 위해 제어 가능하고 대량의 얽힌 광자 생산 능력에 기반한 여러 접근법이 고려되고 있습니다. 이것이 바로 이 빛 큐비트가 해결해야 할 주된 과제입니다.

그러나 이 분야의 관계자들은 매우 낙관적인 것 같습니다. 그들은 규모 확장 방법에 대한 아이디어가 넘쳐납니다. 이 광자학 부문에서 스타트업, 연구소, 심지어 국가 간 치열한 경쟁이 그 증거입니다.

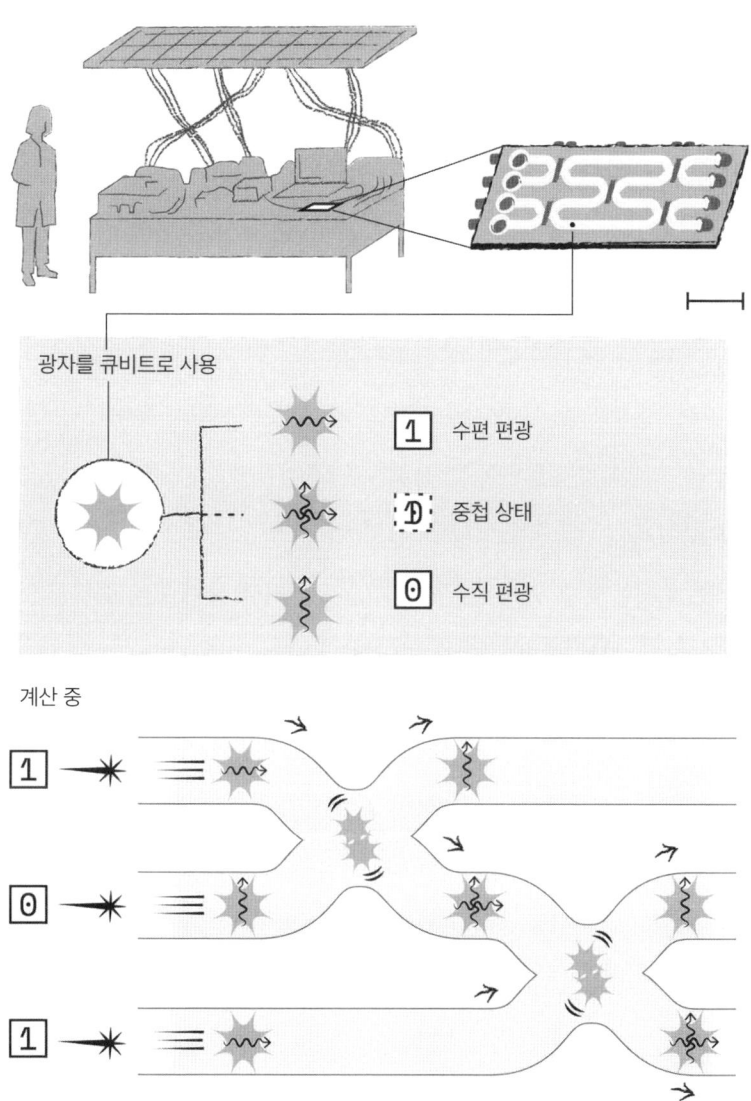

이 컴퓨터에서 광자는 큐비트 역할을 합니다. 광자를 적절한 회로로 보내면 그 상태를 변경하거나 2개씩 얽히게 할 수 있습니다.

저는 파스칼 세넬라르에게 궁극적으로 가까운 미래에 동작할 수 있는 광자 컴퓨터를 믿는지 물었습니다. 그녀는 연도나 큐비트 수로 답하지 않고 대신 과정에서 배울 수 있는 것들을 강조했습니다.

"현재 사람들은 양자 컴퓨터에 집착하고 있습니다. 실용적 관점에서 이 목표는 불확실합니다. 하지만 양자광학 전반이 활용되고 있습니다."

요컨대 컴퓨터 자체가 실현되지 않더라도 과정에서 개발된 검출기, 광원, 간섭계 등 이런 기술들은 분명 통신이나 영상 분야(16장 참조)에서 파급 효과를 보여줄 것입니다. 연구원은 이것이 오히려 '안심'이 된다고 봅니다. 왜냐하면 당장 광학 양자 컴퓨팅이 폭발적인 성장을 보여주지 않는다고 해서 모든 것을 잃는 그러한 상황으로 보이지 않기 때문입니다. 그녀는 다음과 같이 낙관적으로 요약합니다.

"우리가 집단적으로 기울이는 이 노력으로 분명 무언가가 나올 것입니다."

아웃사이더들

12

다른 모든 큐비트를 뛰어넘는 실리콘 큐비트와
논란이 많은 궁극적 도박과 같은 위상 큐비트 두 유형

잭 킬비Jack Kilby라는 이름을 들어본 적이 있나요? 미주리 출신의 이 미국인은 천재 물리학자와는 거리가 멉니다. 그는 어떤 근본적인 개념을 발견하지 못했을 뿐만 아니라, 양자역학에도 전혀 기여하지 않았습니다. 닐스 보어의 카리스마나 아인슈타인 같은 명성도 없습니다. 그럼에도 불구하고 이 엔지니어는 20세기 최대 기술혁명을 일으켰습니다.

1958년, 킬비는 텍사스 인스트루먼트에 입사합니다. 신입사원이었던 그는 동료들과 같은 휴가를 쓸 수 없었고, 여름이 되자 회사 건물에 혼자 남게 됩니다. 그는 전자회로 제조 비용을 낮추는 임무에 대해 자유롭게 생각하기 시작합니다. 당시 컴퓨터 부품에는 저항, 콘덴서, 코일, 트랜지스터 등 다양한 재료로 만든 수많은 요소가 포함되어 있었고, 모두 옛 방식으로 서로 납땜으로 연결되어 있었습니다. 킬비는 갑자기 한 가지 생각이 들었습니다. 하나의 실리콘 덩어리에서 모든 것을 만들 수는 없을까? 주방 가구를 하나하나 조립하는 대신 단단한 덩어리에서 전체를 조각해 내는 것과 같이 말이죠.

물론 킬비 자신도 잘 알고 있듯이 실리콘은 트랜지스터에만 적합합니다. 이 물질로 다른 부품을 만든다는 것은 어리석은 짓이며, 기판 가격도 비쌉니다. 하지만 여름이었고, 킬비는 혼자였으며, 그를 말릴 사람이 없었기 때문에, 그는 계속 스케치를 했습니다. 그는 완벽한 조립품을 만들려 한 게 아니라, 단지 동료들이 돌아왔을 때 그들을 설득할 수 있는 첫 프로토타입을 만들고자 했습니다.

6개월 후, 킬비의 아이디어는 성공을 거두었습니다! 킬비가 상상한 방식이 테스트되고 검증되었을 뿐만 아니라, 나아가 개선되어 특허로 이어졌습니다. 이 특허는 실리콘 웨이퍼에 패턴을 새겨 회로를 축소하는 방법을 자세히 설명하고 있으며, 이로써 현대 전자공학의 탄생을 알렸습니다. 킬비는 약 40년 후 노벨 물리학상을 받게 됩니다. 그는 박사 학위도 없이 노벨상을 받은 드문 사례입니다.

이 시기 이후 소형화는 계속 진행되어 왔습니다. 컴퓨터와 스마트폰은 수십억 개의 트랜지스터 덕분에 0과 1을 마음껏 사용하고 있으며, 이 트랜지스터들은 모두 나노미터 단위로 실리콘 회로에 새겨져 있습니다. 이 칩들은 최첨단 공장에서 대량 생산됩니다. 양자 물리학자들은 곧바로 같은 기술과 공장을 사용하여 양자적 0과 1을 구현할 수 있을지 궁금해했습니다.

그렇다면 양자 시대의 새로운 잭 킬비는 누구일까요?

아주 작은 양자 점

전자공학의 기본 단위인 트랜지스터는 슈뢰딩거의 고양이와 같이 행동하지 않습니다. 아무것이나 큐비트가 될 수는 없습니다. 거기에는 단지 전자가 움직이거나 움직이지 않을 뿐, 상태의 중첩은 기대할 수 없습니다. 가장 양자적인 개별 단일 원자로 돌아가는 것이 좋겠습니다. 사실 연구원들은 원자에서 영감을 얻어 해결책을 찾았습니다.

1980년대 초, 반도체 층을 교묘하게 쌓아 아주 얇은 샌드위치를 만들면 인공 원자와 같은 구조를 얻을 수 있다는 사실이 발견되었습니다. 이런 새로운 구조는 '양자 점Quantum Dot'를 형성하여 내부로 들어온 전자를 원자핵이 전자를 가두듯 가둡니다. 이런 점의 크기는 100나노미터 정도이며, 트랜지스터와 동일한 기술로 제작할 수 있습니다.

양자 점에 전기장을 가하면 첫 번째 전자가 끌려들어갑니다. 전자가 들어갔는지 확인하려면 양자 점을 통해 전류를 흘리기만 하면 됩니다. 점 안에 전자가 있으면 두 전자 사이의 정전기적 반발력 때문에 전류가 차단됩니다.

이것이 바로 '쿨롱 봉쇄 현상Coulomb Blockade'이라 불리는 원리입니다. 전기장을 더 높이면 결국 두 번째 전자가 들어가고, 세 번째, 네 번째 전자도 들어갑니다. 단지 전기장을 조절함으로써 가둬둔 전자 수를 결정할 수 있습니다.

이 양자 점은 1990년대부터 다양한 양자 현상을 측정하는 데 이용되었습니다. 마치 원자에서나 관측되던 에너지 양자화와 같은 현상들 말이죠. 또한 전자공학에 다양한 용도로 사용되며, 심지어 양자 특성이 색상에 반영되어 전례 없는 정교한 색상 제어를 가능케 합니다. 삼성전자는 실제로 SUHD라는 초고해상도 신제품 TV 화면의 기본 구성 요소로 이 양자 점을 사용하고 있으며, 제조사에 따르면 일반 화면보다 10배 많은 디테일을 표현할 수 있습니다.

나침반 같은 큐비트

이 양자 점을 큐비트로 변환하기 위해서는 한 단계만 더 나아가면 됩니다. 양자 점을 절대 영도로부터 겨우 몇 도 높은 매우 낮은 온도로 냉각한 후 단일 전자만 가둬두면 됩니다. 전자 스핀이 큐비트 역할을 하게 되는데, 이 작은 양자 자석이 자기장을 받으면 나침반처럼 위로, 아래로, 또는 둘 다 향하게 됩니다. 바로 이번에는 자기적 큐비트입니다.

이제 남은 것은 이 스핀을 조작하는 방법을 찾는 것입니다. 그러면 실리콘 기반의 새로운 양자 컴퓨터가 사용 가능해질 것입니다. 다행히도 오래전 물리학 기술인 핵자기공명NMR이 필요한 모든 도구를 제공합니다. 제2차 세계대전 직후에 발명된 이 기술은 물질의 핵 스핀을 조작하여 분자 구조나 고체의 특성을 해독하는 데 목적이 있습니다. 우리 몸의 수소에 적용하면 자기공명영상MRI이 되어 체내 장기 촬영에 사용됩니다. 스핀 측정으로 영상화가 가능한 것입니다. 동일한 기술을 양자 점에 적용하면 전자 스핀의 운명을 조종할 수 있습니다.

이 방법은 다시 한번 에너지 준위를 활용하는데, 이번에는 스핀의 에너지 준위입니다. 자기장 안의 스핀은 두 가지 준위를 갖습니다. '공명 주파수'라는 적절한 주파수의 전자기파를 가하면 스핀이 한 준위에서 다른 준위로 전이합니다. 스핀을 측정하려면 전자를 점에서 꺼내기만 하면 됩니다. 스핀이 위로 향하면 전자는 문제없이 빠져나오지만, 아래로 향하면 에너지 준위가 낮아 빠져나올 수 없습니다.

마지막으로 두 큐비트를 연결하려면 서로 영향을 미칠 수 있는 양자 점을 연결시킵니다. 공명 주파수가 연계되어 마치 자기적 사랑 이야기 같습니다. 결국 자기장, 전기장, 초고주파 전자기파를 적절히 조합하면 양자 컴퓨터에 필요한 모든 연산이 가능해집니다. 단, 한 가지 제약이 있습니다. 이 모든 과정은 절대 영도에서 겨우 몇 도 높은 극저온에서 이뤄져야 합니다. 그렇지 않으면 열에 의한 섭동으로 스핀이 준위 사이를 임의로 오가며 제대로 된 계산이 불가능해질 것입니다. 물론 헬륨과 극저온 장비가 필요하지만, 100배 더 낮은 온도와 희석식 냉동기가 요구되는 초전도체 방식에 비하면 노력이 적게 드는 편입니다.

이렇게 양자 점에 갇힌 스핀을 활용하는 아이디어는 1998년 다니엘 로스Daniel Los와 데이비드 디빈첸조David DiVincenzo가 처음 제안했습니다. 7년 후인 2005년, 하버드 대학에서 첫 번째 큐비트가 만들어졌지만, 불행히도 갈륨과 비소 물질이어서 핵 스핀이 측정을 방해했습니다. 실리콘이 다시 한번 이상적인 물질로 떠올랐습니다. 다시 7년의 노력 끝에 2012년 호주에서 실리콘 큐비트가 탄생했습니다. 4년 후인

양자 점 컴퓨터

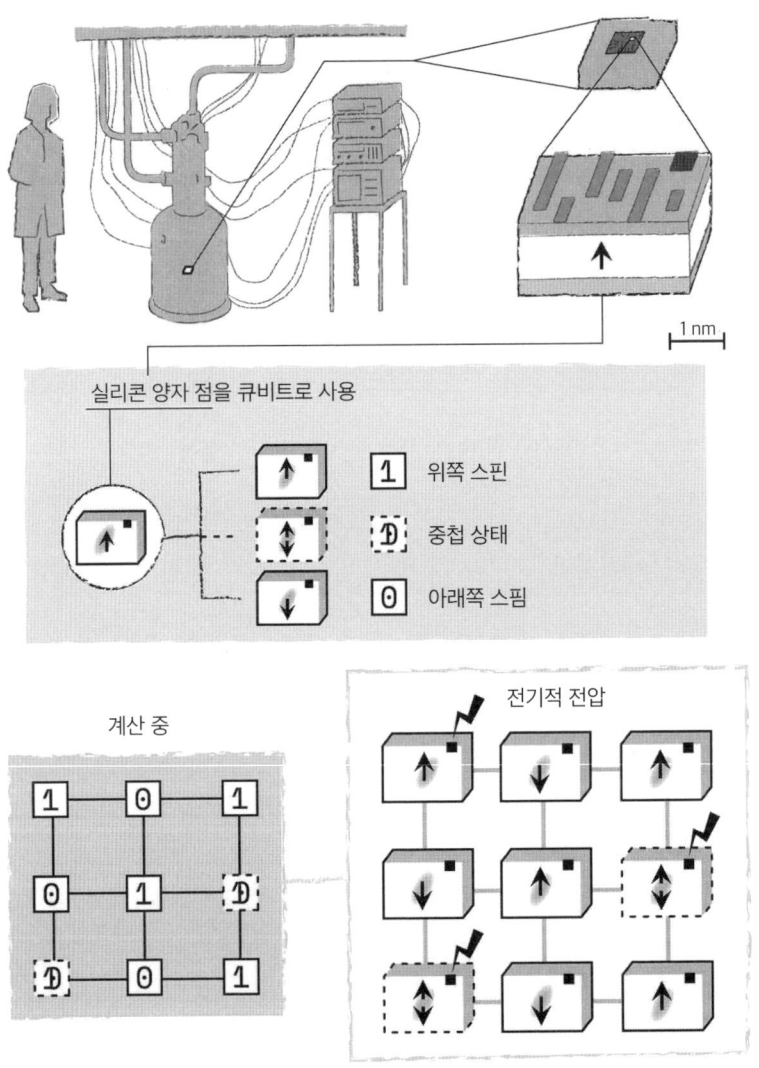

이 컴퓨터에서 양자 점 안의 스핀이 큐비트 역할을 합니다. 전압을 이용하여 그 상태를 변경하거나 2개씩 얽히게 할 수 있습니다.

2016년, 그레노블 대학과 CEA 연구원들이 CMOS 마이크로프로세서 설계를 모방한 실리콘 큐비트를 만들어 냈습니다.

물리학자들이 전자공학 산업과 동일한 기술을 활용하는 큐비트를 만들기까지 거의 20년이 필요했습니다. 이러한 긴 시간은 마이크로프로세서 제조 산업계의 뛰어난 노하우를 활용하여 다가올 미래에 단일 큐비트에서 100만 개 큐비트로 나아가기 위해서라면 치러야 할 대가라고 할 수 있겠습니다.

세상에서 가장 깨끗한 곳

2016년 실리콘 큐비트에 대한 중요한 논문의 저자 중 한 명인 물리학자 모드 비네Maud Vinet 는 현재 그레노블 CEA의 양자 프로그램을 이끌고 있습니다. 그녀는 프랑스에서 기초 연구와 미국 IBM에서 산업계 방식의 연구를 모두 경험했습니다. 실리콘 큐비트가 다른 경쟁 기술과 어떻게 비교되는지 물었을 때, 그녀는 다소 늦었다고 인정합니다. 이 반도체 큐비트는 초전도체나 이온 트랩 큐비트보다 15년 늦게 등장했습니다.

"초기에 많은 투자가 필요했고, 반도체 업계는 움직이는 데 시간이 걸렸습니다."라고 그녀는 설명합니다. 그러나 그녀 자신도 이전부터 기존 전자 소자의 한계를 예견했습니다. 우리 컴퓨터의 성능은 지난 50년 동안 무어의 법칙에 따라 놀랄만한 지수적 성장을 해왔습니다.

하지만 이런 발전세가 약화되는 신호를 보이고 있으며, 트랜지스터 구조를 작게 만드는 기술의 한계를 고려할 때 성장세는 멀지 않은 미래에 멈추게 될 것으로 보입니다.

그녀는 마이크로 소자가 발전을 지속하려면 획기적인 해결책이 필요하다는 것을 금방 알아챘습니다. 그러나 실행에 옮기기가 쉽지 않았습니다. 관련된 산업 프로세스가 너무 거대해서 구축하기 어려웠기 때문입니다. 이런 회로를 만들려면 어떠한 먼지도 허락하지 않는 초청정 공간인 클린룸에서 작업해야 합니다. 실험실 수준에서 몇 개의 프로토타입만 테스트하는 '작은' 클린룸 시설조차 최소 1억 유로가 필요합니다. 더 큰 규모로 가면 비용이 기하급수적으로 늘어납니다. 그레노블 LETI 시설이 10억 유로, 뉴욕 글로벌 파운드리가 100억 유로에 달합니다. 비싼 이유가 패턴 새기기 자체의 정밀도 때문은 아닙니다. 이는 대면적 실리콘 웨이퍼에 동일한 패턴을 완벽하게 통제된 상태로 대량 생산할 수 있어야 하기 때문입니다. 실험실의 소규모 작업에서 산업 수준의 생산 단계로 넘어가는 데 엄청난 비용이 듭니다.

저는 다행히 그런 클린룸 중 한 곳을 방문할 기회가 있었습니다. 입장을 위한 절차부터 인상적이었습니다. 밀폐된 전신 복장에 덧신, 마스크, 헤어캡을 착용해야 합니다. 한번 들어가면 음식 섭취와 심지어 기침도 금지됩니다. 화장과 껌 씹기도 안 됩니다. 흡연자도 방문 전 몇 시간 동안 담배를 피울 수 없습니다. 폐에서 원치 않는 먼지가 나올까 염려되기 때문입니다. 이런 어마어마한 청정 공간에서는 공기가 지속적으로 정밀 필터로 정화되고 펌프로 순환됩니다. 외부 오염원 유입을 막기 위해 청정실 내부는 외부에 비해서 살짝 높은 압력 상태로 유지됩니다.

역설적이게도 귀중한 큐비트를 포함한 샘플은 제작 후 상대적으로 평범한 실험실로 옮겨집니다. 그렇기 때문에 운명을 결정짓는 진정 중요한 단계는 그 제조 과정입니다. 상대적으로 이온 또는 중성 원자 기반 컴퓨터에 필요한 수백만 유로의 장비가 저렴한 것처럼 느껴집니다. 모드 비네 박사도 인정합니다.

"이런 회로를 만들려면 많은 비용과 시간이 듭니다. 작은 크기를 다루니 장애물이 많죠. 한 샘플을 만드는 데 1년 가까이 걸리고, 특성 평가만 6개월이 걸려요."

너무나 많은 투자와 긴 시간이 걸리는 이러한 고생이 가치가 있을까요? 그럼에도 불구하고 물리학자들이 이 접근법을 고수하는 이유가 있습니다. 한번 생산 공정이 잡히면 이 마이크로프로세서들은 반도체 업체의 모든 노하우와 도구, 공장, 공급망의 혜택을 누릴 수 있기 때문입니다.

여러 가지 과제

물론 다른 후보 기술과 마찬가지로 양자 점 컴퓨터에도 단점이 있습니다. 첫 번째 큰 문제는 각 점들이 결코 완전히 동일하지 않다는 것입니다. 매우 작은 편차조차도 치명적일 수 있습니다. 양자 계산은 흑백이 확연히 나뉘는 디지털 방식으로 동작하지 않기 때문입니다. 점들 간의 작은 차이는 시간이 지남에 따라 치명적인 오류로 이어질 수 있습니다.[1] 따라서 각 개별 큐비트를 하나하나 정밀하게 보정해야 주어야 합니다. 또 다른 문제는 전자파입니다. 각 큐비트를 제어하려면 스마트폰에 사용되는 것과 같은 마이크로파를 쏩니다. 하지만 인접한 두 큐비트에 같은 주파수를 쓸 수는 없죠. 모든 신호가 섞일 것입니다. 이는 전화 회사가 좁은 지역에 모인 수많은 사람들에게 서비스하려 할 때 맞닥뜨리는 난제와 비슷합니다. 어떻게 하면 각자의 신호가 다른 사람의 신호와 섞이지 않고 전화를 쓸 수 있을까요?

각 점에 전자파를 보내고 각 점의 스핀 상태를 읽기 위해 정전기장, 창의적인 아키텍처, 주파수 변조 등 다양한 전략을 구사합니다. NMR_{핵자기공명}과 현대 통신기술의 모든 지혜가 동원됩니다. 현재로서는 이 해결책들이 완전히 가동되지 않지만, 최근 5G 기술 발전 등으로 도움을 받을 수 있을 것입니다.

그래서 제가 다른 전문가들에게 그랬던 것처럼 모드 비네 박사에게도 이 방식의 양자 컴퓨터는 언제쯤 실현될까라는 핵심 질문을 했습니다.

"제가 답하기에는 정말 어려운 질문이네요, 제 의견도 자주 바뀌곤 합니다. 우리가 큐비트의 정밀도를 어느 정도까지 올릴 수 있을까요? 제대로 된 실험을 해보기 전에는 예측하기 어려워요."

계속된 질문에 그녀는 딜레마를 인정합니다. 한편으로는 좋은 과학자답게 양자 컴퓨터를 지나치게 과대평가하고 싶지 않은 것이지요. 하지만 동시에 그녀는 양자 컴퓨터가 결코 작동하지 않을 것이라고 단정 짓는 물리학자들도 싫어합니다.

"양자 칩 자체가 중요한 건 맞지만, 이를 작동시킬 전자공학과 컴퓨터공학을 소홀히 해서는 안 됩니다. 단지 물리학 문제로만 여기는 것은 짜증납니다."

그러나 반도체 커뮤니티와의 만남은 그녀에게 자신감을 줍니다.

"제 의견으로는 10년 이내에 오류 수정 기능이 있는 프로그램 가능한 양자 컴퓨터를 만들 수 있을 것입니다. 단지 지금으로서는 과연 이 미래의 양자 컴퓨터가 몇 개의 논리 큐비트를 다룰 수 있을지 예측하기 어려울 뿐이죠."

가장 신비로운 큐비트

이제 가능한 큐비트 목록들을 모두 살펴봤습니다. 이온, 초전도체, 광자, 그리고 반도체까지 알아보았습니다. 결국 어떤 것이 승자가 될까요? 이는 긴장감 넘치는 투르 드 프랑스Tour de France(세계적인 자전거 경주 대회) 한 구간과 같습니다. 이온이 먼저 출발했지만, 2010년대 후반에 초전도체가 따라잡더니 앞서갑니다. 1년 후에는 숨어 있던 광자가 급습해 선두 자리를 차지합니다. 하지만 초전도체가 다시 귀환하여 환상적인 질주로 앞서 나갑니다. 그런데 이번에는 저 멀리서 반도체가 힘차게 페달을 밟으며 경쟁권에 합류했습니다!

저 멀리에는 뒤처진 한 경기자가 힘겹게 달리고 있습니다. 이 빨간 등불(역자주: 빨간 등불은 기차의 마지막 차량에 붉은 등을 단 것에서 유래하며, 투르 드 프랑스에서 꼴찌라 하더라도 끝까지 완주하는 주자를 칭송하듯 부르는 것) 마지막 주자는 연이은 질주에 동참하지 못했습니다. 이 선수가 아직 경기를 포기하지 않은 것인지, 심지어는 경기 초반에 제대로 출전 여부를 밝혔는지조차 불분명합니다. 하지만 모두가 이 선수를 두려워합니다. 만약 이 선수가 스퍼트를 걸면 다른 선수들을 휩쓸고 갈 것이기 때문입니다. 이 유령 같은 선수의 이름은 신비로운 '위상 큐비트'입니다.

위상 큐비트의 비밀은 무엇일까요? 왜 마지막에 소개할까요? 이론상으로는 완벽한 큐비트입니다. 오류로부터 스스로를 보호하기 때문입니다! 이 큐비트는 실패할 수 없습니다. 따라서 오류를 검사하기 위해 수만 개의 복제본을 만들 필요가 없습니다.

이러한 '초능력'은 위상 특성 때문입니다. 위상은 수학의 한 분야입니다. 이 기하학 분과는 물체의 모양이 변형되더라도 변하지 않는 특정 성질에 관심을 갖습니다. 수영장에 있는 두 튜브를 보세요. 하나는 큰 검은색 고무 튜브이고, 다른 하나는 분홍색과 보라색 오리 모양 튜브입니다. 둘 다 구멍이 하나씩 있습니다. 위상학의 관점에서 보면 두 튜브는 완전히 동일한 것으로 간주됩니다.

이런 식의 큐비트를 상상해 보세요. 그 특성이 정확한 형태나 구성에 관계없이 변하지 않는다면 어떨까요? 디자인 결함에 영향을 받지 않을 것입니다. 정보가 전체 표면에 걸쳐 있기 때문입니다. 마치 펑크가 나도 괜찮은 튜브와 같습니다! 하지만 불행히도 이런 큐비트를 만들려면 반도체 조각을 구멍 내는 것만으로는 부족합니다. 여기서 중요한 것은 전자 파동 함수와 관련된 더 미묘한 전기적 특성입니다. 이를 구현하려면 가능한 최대한 가느다란 금속 선을 작은 초전도체 덩어리 위에 위치하게 해야 합니다. 이론에 따르면 이런 구조를 자기장에 놓으면 금속 선 양끝에 위상적인 상태가 나타나는데, 이러한 위상 상태는 그 특성이 우수하고 결함에 민감하지 않습니다.

2018년, 네덜란드 물리학자 레오 코벤호벤Leo Kouwenhoven이 처음으로 이런 구조를 만들고 모두가 오랫동안 기대했던 위상 특성을 측정하는 데 성공합니다. 이 새로운 발견에 마이크로소프트가 곧 관심을 보이며 델프트 대학 근처에 큰 양자 센터를 세우고 코벤호벤을 고용하기로 합니다. 하지만 몇 달 후 두 연구원이 이 결과에 의문을 제기합니다. 그들은 같은 실험을 재현해 보려 했지만 위상 특성은 관측되지 않았습니다. 그래서 원본 논문을 다시 검토해 보기로 합니다. 네덜란드 팀의 원래 측정 데이터를 재분석한 결과 의심스러운 조작 흔적이 발견됩니다. 충격적이게도 코벤호벤 팀은 자신들에게 유리한 측정값만 골라내었던 것으로 밝혀집니다. 이 새로운 분석에 비추어 보면 2018년의 발견은 터무니없는 주장입니다. 코벤호벤은 결국 자신의 논문을 철회할 수밖에 없었고, 이는 커뮤니티에 큰 반향을 일으켰습니다. 실수였을까요, 부주의였을까요? 아니면 고의적인 데이터 조작이었을까요? 어쨌든 그 이후로 실제 작동하는 위상 큐비트는 발견되지 않으며, 언젠가 나올 것이라는 보장도 없습니다.

하지만 이 길을 포기해야 할까요? 마이크로소프트와 코벤호벤은 그렇게 하지 않기로 했습니다. 그들의 이런 고집에는 어떤 용기가 있습니다. 다른 팀들도 위상 큐비트를 얻기 위해 다른 기하학적 구조를 시도하고 있습니다. 모두가 알다시피 이 성배를 만드는 이가 곧 오류 없는 첫 양자 계산을 수행할 수 있을 것입니다.

지금까지 살펴보았듯이 현재까지 연구된 모든 큐비트들 중 어떤 종류도 향후에 성공적으로 규모의 확장을 할 것이란 보장이 없습니다. 각각 심각한 문제점이 있으며, 이에 시간과 자원을 투자하는 이들은 실제 위험을 감수하고 있습니다. 하지만 위상 큐비트만큼 위험한 것은 없습니다. 위상 큐비트는 아마도 이 제2의 양자혁명에서 가장 모험적인 도전일 것입니다.

원자로 조각한 모나리자

중성 원자를 제어하고
이를 이용해 자연 시뮬레이션하기

13

1981년, 오르세 광학연구소에서 알랭 아스페 Alain Aspect 와 연구 팀이 12미터 떨어진 두 광자를 처음으로 얽히게 하였습니다. 이는 파리 근교 사클레 고원에 위치한 연구소의 503호 건물 지하실에서 일어났는데, 제 연구실에서 불과 몇 미터 떨어진 곳이었습니다. 그 후 광학연구소는 몇 킬로 떨어진 위치로 이전했습니다. 1970년대의 낡은 건물 대신 현관에 "Institut d'Optique, Graduate School 광학연구소, 대학원"이라고 씌어진 새 건물이 들어섰습니다. 심플하고 현대적인 입구 로비에는 아스페의 원래 실험 장비 몇 가지가 진열장에 전시되어 있습니다. 실험실로 들어가면 완전히 다른 풍경이 펼쳐집니다. 최신 렌즈와 레이저, 극저온 장비, 자기장 발생기, 고주파 전자기기 등 현대 양자광학의 무기가 연구소 전체를 가득 메웁니다. 알랭 아스페 박사도 여전히 여기서 일하고 있습니다.

지금 우리가 만날 사람은 얽힘 현상을 보여준 알랭 아스페가 아니라 아스페의 전 제자인 앙투안 브로와예Antoine Browaeys입니다. 이 연구자는 세계적인 양자 시뮬레이션 전문가 중 한 명입니다. 그의 최고 업적은 세계 최고 수준의 양자 시뮬레이터 중 하나를 개발한 것입니다. 이 장치는 마치 양자 컴퓨터처럼 레이저로 원자를 조작하고 여기시키며 중첩하고 얽히게 합니다. 하지만 알고리즘을 계산하는 것이 아니라 분자나 고체 물질을 시뮬레이션하는 데 사용됩니다. 이는 단순한 기초 연구가 아닙니다. 그가 공동 창업한 스타트업 파스칼Pasqal은 프랑스의 자랑입니다! 2021년, 프랑스 대통령이 사클레 고원을 방문해 양자 대계획을 발표할 때 바로 이 회사를 언급했습니다.

"양자 컴퓨팅은 기존 컴퓨터로는 풀 수 없는 문제를 해결할 것입니다. 방금 전 파스칼 팀과 이에 대해 이야기했죠."

그러자 앙투안 브로와예와 동료들이 주목받게 되었습니다. 투자자와 정치인들이 그들을 치켜세웠습니다. 하지만 과연 그들을 성공적이게 한 이 기적 같은 기술은 무엇일까요?

리드버그Rydberg 원자의 기이한 세계로 오신 것을 환영합니다! 에너지 준위, 차단, 포획, 형광 등 양자 현상이 총망라되어 있어 가장 화려한 양자 장치 중 하나를 만날 수 있습니다. 이 실험으로 시뮬레이션, 계산뿐만 아니라 공중에 떠있는 에펠탑 조각상까지 만들 수 있습니다.

정말 가둘 수 없을까?

이 이야기는 대부분의 이야기와 마찬가지로 입자를 잡으려는 몇몇 물리학자들로부터 시작됩니다.

토섹과 와인랜드가 전기장을 이용해 이온을 가두었다면, 브로와예와 동료들은 레이저를 이용해 원자를 잡아보려 합니다. 마치 핀셋으로 잡는 것처럼 말이죠. 그들이 처음은 아닙니다. 노벨상 수상으로 그 업적을 인정받은 원자 사냥꾼들의 긴 역사가 있었습니다. 1997년에 클로드 코헨-타누지Claude Cohen-Tannoudji, 윌리엄 필립스William Phillips, 스티븐 추Steven Chu, 2012년에는 세르주 아로슈Serge Haroche와 데이비드 와인랜드David Wineland가 수상했습니다.

광학연구소 연구원들의 목표는 분명합니다. 전자를 빼앗지 않고도 중성 원자를 포획할 수 있는 포획 장치를 찾는 것입니다. 단순히 원자를 상자에 넣으면 벽과 충돌해 곧바로 원자가 가열될 것이기 때문에 불가능하다는 사실을 알고 있습니다. 도플러 효과가 원자의 움직임을 조금 늦출 수는 있겠지만(1장 참조), 그것만으로는 부족합니다. 더 효과적인 방법이 필요합니다. 그러나 이번에는 전기장은 안 됩니다. 중성 원자들은 이름 그대로 전기적으로 중성이라 전기장에 거의 반응하지 않기 때문입니다.

1980년대 후반, MIT의 데이비드 프리처드David Pritchard 연구원이 우연히 해결책을 찾게 됩니다. 그는 당시 학생에게 해결책이 없다고 설명하고 있었습니다. 한 광학 정리가 그것을 증명한다고 말하며 그는 칠판에 썼습니다. 어떤 단순한 광학 포획기도 원자를 가둘 수 없다는 것입니다. 그러나 증명을 풀어나가다 보니 이론이 한 가지 경우를 빼먹었다는 것을 깨달았습니다. 원자에 스핀이 있다면 어떨까요? 이 작은 양자 자석을 이용해 입자의 움직임을 늦출 수 있을까요?

곧바로 프리처드는 이론적으로 실험을 구상합니다. 스핀을 가진 원자, 예를 들어 나트륨 원자를 선택합니다. 항상 그렇듯 레이저 사이에 놓되, 이번에는 매우 잘 조정된 자기장을 추가합니다. 원자가 오른쪽으로 가면 스핀 때문에 자기장이 원자의 에너지 준위를 바꿉니다. 에너지 준위가 바뀌면 레이저가 원자의 움직임의 반대로 밀어냅니다. 왼쪽으로 가도 마찬가지 시나리오가 발생합니다.[1] 프리처드는 이런 광학 및 자기 겸용 포획기가 엄청난 효율을 낼 것이라 확신했습니다.

하지만 불행히도 프리처드 연구 팀은 실험을 성공시키지 못합니다. 낙담한 그들은 근처 벨 연구소의 동료 스티븐 추Steven Chu에게 연락합니다. 추는 이미 광학 포획기를 가동 중이었습니다. 새 협력자들의 안내를 받아 추는 자신의 설비에 자기장을 만들 단지 2개의 코일을 추가했습니다.[2] 장치를 처음 가동하자 결과는 환상적이었습니다. 그 순간을 회상하며 프리처드는 여전히 감격스러워했습니다.

"그 장면은 정말 믿기 힘들 정도로 놀라웠습니다. 처음에는 길거리 조명을 밝히는 나트륨 램프처럼 부드러운 노란 빛만 있었습니다. … 그러다가 갑자기 중심에 원자들로 이루어진 밝은 공이 나타났습니다. 레이저를 끄자 원자들이 흩어졌지만, 속도가 너무 느려서 10분의 수초 동안 천천히 빠져나갔습니다."[3]

원자들은 조작하기에 충분할 정도로 포획되고 감속되었습니다. 이런 트랩은 이제 많은 광학연구실에서 일반적으로 사용되며, 절대 영도보다 단지 100만분의 몇 도 높은 온도로 기체를 안정화하는 데 사용됩니다.

스티븐 추는 노벨상을 받을 때 초기 트랩 아이디어는 실제로 장 달리바르Jean Dalibard에게서 나왔다고 말했습니다.

"우리가 쓰고 있던 논문에 장의 이름이 들어가야 한다고 설득하려고 파리에 있는 장에게 전화를 걸었습니다. 장은 매우 영리하면서도 겸손한 사람이라서 직접 연구에 참여하지 않았기 때문에 공동 저자가 되는 것은 적절하지 않다며 사양했습니다."

그럼에도 불구하고 이 프랑스 물리학자 역시 2021년 프랑스 국립과학연구센터CNRS에서 수여하는 권위 있는 금메달을 수상하며 눈부신 경력을 쌓게 됩니다. 한편 스티븐 추는 몇 년 후 버락 오바마 전 미국 대통령 정부에서 에너지부 장관이 되었습니다. 양자 트랩이 정말 모든 길을 열어주는 것 같습니다.

머리카락 두께의 원자

2021년 파리의 광학연구소로 돌아갑시다. 앙투안 브로와예와 그의 팀이 개발한 실험은 추와 프리차드의 실험과 거의 동일합니다. 단 한 가지 차이점은 브로와예가 중성 원자를 큐비트로 사용하여 양자 컴퓨터를 구축하려 한다는 것입니다. 이를 위해서는 각 원자를 개별적으로 포획하고 이웃 원자들과 명확히 분리해야 합니다. 그러나 추와 프리차드의 트랩에서 수백만 개의 원자가 레이저 빔 사이에 모여 있습니다. 어떻게 하면 이런 혼란 속에서 질서를 만들 수 있을까요? 어떻게 각 입자에게 제자리를 알려줄 수 있을까요? 답은 바보같이 들릴 것입니다. 각 원자 하나하나에 대해 똑같은 실험을 반복하면 됩니다! 많은 원자를 한 트랩에 가두는 대신, 한 원자만을 하나의 트랩에 가두고 트랩 수를 늘리면 됩니다.

그러나 작은 문제가 있습니다. 100개 이상의 원자를 사용하기 위해 필요한 모든 트랩을 수용할 만한 공간은 일반적인 실험실의 크기를 벗어나게 됩니다. 그럼에도 불구하고 브로와예는 이 기발한 시나리오를 추구하기로 결심합니다. 그는 리드버그, 광학 집게, 공간상 광 변조기 Spatial Light Modulator(SLM) 라는 세 가지 묘수를 동원합니다.

19세기 스웨덴 물리학자 요하네스 리드버그 Johannes Rydberg 는 원자 에너지 준위를 이해하는 데 기여했습니다. 지금은 그의 이름을 기리며 우주에서 가장 큰 원자를 '리드버그 원자'라고 부릅니다. 역설적이게도 이런 원자를 만들기 위해서는 가장 작은 원자인 수소를 사용합니다.

수소 원자에는 단 하나의 양성자로 된 원자핵과 그 주위 0.1나노미터 정도의 범위에 퍼져 있는 한 개의 전자가 있습니다. 이 원자에 적절한 레이저를 비추면 전자가 에너지 준위를 오르며 전자 존재 공간이 확장됩니다. 이상하게도 제한이 없습니다. 에너지 준위의 스케일은 무한대입니다. 그러나 준위가 높을수록 더 불안정합니다.[4] 극히 작은 충격이나 미세한 전자기 섭동에도 영향을 받아 즉시 낮은 에너지 준위와 더 작은 크기를 가진 원자 상태로 떨어집니다. 이것이 우리 일상에서 거대한 원자를 볼 수 없는 이유를 설명합니다. 그 원자들은 너무 일시적이기 때문입니다.

그런 원자를 관측할 말도 안 될 기회를 잡기 위해서는 먼저 진공 상태에 있어야 하고, 원자들이 원하는 만큼의 공간을 차지할 수 있게 해야 합니다. 사실 연구실이 꼭 필요한 것은 아닙니다. 우주 공간이 이러한 조건을 완벽하게 갖추고 있습니다. 그렇기 때문에 최초의 리드버그 원자는 1965년에 우주 공간을 관측하던 전파 천문학자들에 의해 지구가 아닌 곳에서 발견되었습니다. 그 이후 레이저 기술이 발전하면서 연구실에서도 리드버그 원자를 만들 수 있게 되었습니다.

브로와예 연구 팀은 수소 대신 루비듐을 선호하는데, 이를 이용해 100번째 에너지 준위까지 들뜨게 할 수 있습니다. 물리학자들이 루비듐을 진짜 고무풍선처럼 부풀리는 것을 상상하면 되겠군요. 일반적인 루비듐 원자 크기는 10분의 수 나노미터 정도지만, 리드버그 상태가 되면 직경이 10,000배나 커져서 거의 10마이크로미터에 이릅니다. 별 것 아닌 것 같나요? 사실 이는 머리카락 두께에 가깝습니다. 정말 괴물 원자라고 할 수 있죠. (역자주: 인종에 따라 머리카락 두께가 다르며, 동양인은 80~120마이크로미터, 코카서스 인종은 60마이크로미터 내외로 더 얇은 편임.)

요약하자면, 좋은 원자 컴퓨터를 만들려면 원자가 커야 한다는 것입니다.

모나리자 아니면 에펠탑?

앞에서도 말했듯이, 그렇게 큰 원자들을 잡아두기 위해 원자 하나당 하나의 트랩을 만든다면 전체 설비가 너무 거대해질 것입니다! 기적 같은 해결책은 2001년에 역시 알랭 아스페의 전 제자 필리프 그랑지에 Philippe Grangier가 원자를 훨씬 더 컴팩트하게 포획하는 새로운 방식을 고안하면서 나왔습니다. 그는 광집게optical tweezer 을 사용했습니다. 이 집게는 일반적인 단단한 금속으로 된 집게와는 전혀 다릅니다. 단 하나의 렌즈로 해당 원자에 초점을 맞춘 레이저 광선으로, 오로지 빛으로만 구성되어 있습니다. 이 장면은 어린 시절에 볕이 좋던 날 돋보기로 빛을 모아 종이에 불을 붙이며 즐거워했던 기억을 떠올리게 합니다!

여기서 원자는 종이처럼 타버리지 않습니다. 대신 레이저 빔의 초점에 거의 1마이크로미터 범위 내에서 갇히게 됩니다.[5] 그랑지에는 빛 한 줄기만으로도 원자를 '손가락 끝'으로 붙잡을 수 있다는 것을 보여주었습니다. 하지만 100개의 원자로 컴퓨터를 만들려면 그만큼의 레이저가 필요할 텐데, 이를 무작정 구현한다면 마치 대형 가스 공장처럼 보일 것입니다. 브로와예는 연구소 강의실마다 있는 단순한 비디오 프로젝터에서 영감을 얻어 해결책을 찾아냅니다.

비디오 프로젝터는 컴퓨터에서 보내오는 영상을 '공간상 광 변조기 SLM'라는 장치를 통해 화면에 투사하는 빛으로 변환합니다. 이 기술은 세밀하게 광선의 강도나 위상을 변화시켜 영사하고자 하는 이미지를 새깁니다. 이것이 바로 브로와예가 필요로 하던 것이었습니다. 그는 단 하나의 레이저 광선을 사용했지만, SLM을 통해 필요한 만큼의 광선으로 나누어 각각 하나의 원자를 포획할 수 있게 되었습니다!

마지막으로 양자 컴퓨터를 작동시키기 전에 조금 정리정돈을 할 것이 남았습니다. 현재로서는 원자들이 임의로 트랩에 분포되어 있습니다. 원자를 재배열하기 위해 연구원들은 다시 한번 레이저를 사용합니다. 매우 효율적인 자체 알고리즘을 활용하여 원자를 원하는 대로 움직여서 배치할 수 있습니다.

연구원들이 개발한 기술의 우수성을 증명하기 위해 원자 하나하나를 3D로 에펠탑 모양으로 쌓아올린 결과를 한 논문에 게재하기도 했습니다. 이어서 나노미터 크기의 아름다운 모나리자 초상화를 만들었습니다. 사진에는 몇십 개의 형광 빨간색 원자들이 모나리자의 윤곽을 그리는 모습이 보입니다. 이 사진은 저를 매료시킵니다. 잠시 저 같은 물리학자의 입장이 되어 제 열정을 함께 나눠보시기 바랍니다. 단일 원자에 대한 측정은 결코 불가능하다고 예견했던 저 위대한 이론가 슈뢰딩거가 생각나시나요? 그가 이런 경이로운 집적 구조를 보았다면 어떤 생각이 들었을까요? 물론 에펠탑이나 모나리자는 과학적으로 아무 의미가 없지만, 저는 그것들을 물리학자들 사이의 작은 윙크 정도로 봅니다. 마치 "이봐, 내 원자들로 내가 이런 것도 할 수 있다는 걸 봤나? 기대해 봐, 앞으로 더 멋진 것들을 해낼 거야!"라고 말하는 것 같습니다.

이제 물리학으로 넘어가죠!

원자 부대가 자리를 잡았고 각자 위치에 있습니다. 이제 이 부대는 프로그래밍되길 기다리고 있습니다. 이를 위해 마지막 도구인 얽힘이 필요합니다. 어떤 방식으로든 이웃한 원자들을 연결하고 서로 통신할 수 있게 해야 합니다.

2000년대 초, 피터 졸러Peter Zoller와 미하일 루킨Mikhail D Lukin(역자 주: 많은 경우 미샤 루킨Micha Lukin이라고도 불림) 두 연구자가 이론적이지만 매우 독창적인 해결책을 제안했습니다. 리드버그 봉쇄 현상Rydberg Blockade이 그것입니다.

각 원자가 리드버그 상태가 되면 '쌍극자'라고 불리는 특별한 전기적 성질을 갖게 됩니다. 이것을 '양극성'과 혼동하지 마세요. 여기에는 심리적인 문제는 없습니다. 이제 원자는 마치 전기 안테나, 즉 쌍극자처럼 행동합니다.[6] 크기가 거대하기 때문에 당연히 안테나 세기도 강해서 가장 가까운 원자들의 영향까지 읽어낼 수 있습니다.

2개의 이웃한 원자에 집중해 봅시다. 이 원자들은 서로의 쌍극자를 통해 영향을 주고받아서 궁극적으로 양자 상태들이 변하게 됩니다.[7] 그 결과는 바로 나타납니다. 이전에 이 원자들을 리드버그 상태로 들뜨게 할 수 있었던 레이저가 더 이상 작동하지 않습니다. 레이저 조정 값이 원자 상태 대비 완전히 빗나갔기 때문입니다. 이제 두 원자에 레이저를 쬐면 단 하나의 원자만 리드버그 상태가 변환되고, 다른 하나는 기본 상태로 유지(봉쇄)됩니다. 그런데 어떤 원자가 봉쇄될까요? 왼쪽 원자일까요, 오른쪽 원자일까요? 자연은 선택하기를 거부합니다! 양자 세계의 마술에 의해 왼쪽 원자가 들뜨고 오른쪽은 낮게 머물러 있는 상태가 나타나는 동시에, 그 반대 상황인 오른쪽 원자가 들뜨고 왼쪽은 낮게 머물러 있는 상태를 보이는 중첩 상태가 나타납니다. 완벽한 얽힘 상태입니다.

요약하자면, 가까이 있는 두 원자에 레이저를 쬐면 즉시 얽히게 됩니다. 2000년에는 이것이 단지 이론적 제안에 불과했으며, 실험으로 입증되어야 했습니다. 그 무렵 앙투안 브로와예와 다니엘 콩파라Daniel Comparat는 프랑스 국립과학연구센터CNRS에서 연구원 생활을 시작했습니다. 어느날 구내 식당에서 점심을 먹던 중 선배 연구원인 피에르 필레Pierre Pillet가 그들에게 모험을 감행해 보라고 용기를 북돋워 주었습니다. 9년 후 그들의 노력이 결실을 맺어 마침내 리드버그 봉쇄를 통해 두 원자가 얽힐 수 있게 되었습니다. 브로와예는 저에게 솔직히 고백했습니다.

"초기 실험이 성공한 이유는 우리가 너무 순진했기 때문입니다. 가능한

중성 원자 기반 양자 컴퓨터

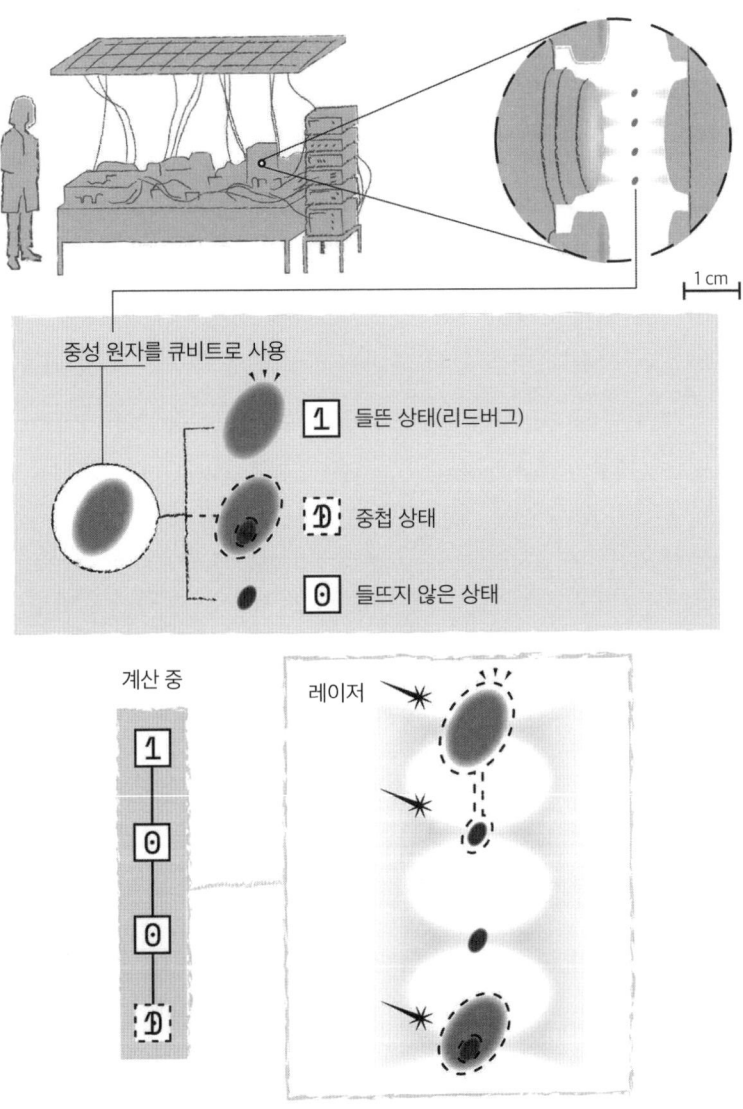

이 컴퓨터에서 레이저에 의해 가둬진 원자들이 큐비트 역할을 합니다. 레이저 펄스를 이용하여 그들의 상태를 변경하거나 2개씩 얽히게 할 수 있습니다.

모든 부차적인 기생 효과를 조금이라도 계산해 보았다면 시도조차 하지 않았을 것입니다!"

젊음의 특권은 실패할 것이라는 동료들의 예측에도 불구하고 모험을 감행할 수 있다는 것입니다.

미래는 중립적일 (중성 원자일) 것이다!

마침내 모든 구성 요소가 자리를 잡았습니다. 들뜨지 않은 원자는 0 상태의 큐비트, 리드버그 상태의 원자는 1에 해당합니다. 레이저 펄스로 원하는 중첩 상태를 만들 수 있습니다. 두 원자를 얽히게 하려면 동시에 두 원자를 들뜨게 하면 됩니다. 측정하려면 작은 레이저 펄스를 쏘면 되고, 늘 그렇듯 리드버그 상태의 원자만 형광을 방출합니다.

여러 연구 팀이 이 분야로 몰려들었고 성공이 이어지고 있습니다. 경쟁자들보다 조금 늦게 시작했지만 중성 원자 컴퓨터가 이온 트랩과 초전도체 큐비트를 바짝 추격하고 있습니다! 벌써 100개의 큐비트를 달성했습니다. 물론 여전히 많은 문제가 남아 있습니다. 큐비트 품질이 아직 만족스럽지 않고, 트랩 준비 시간이 길며, 다수의 원자를 다뤄야 하므로 곧 레이저 출력 문제에 봉착할 것입니다(역자주: 2024년 현재 1000큐비트급 발표가 이어졌음. 미국 Atom Computing, 네덜란드 TU Darmstadt).

하지만 첫 프로토타입의 성능은 매력적입니다. 이미 EDF, 크레디 아그리콜, 탈레스 등 대기업들이 스타트업과 협력하여 실제 사례 연구를 진행하고 있습니다. 알고리즘 측면에서는 이 컴퓨터가 아직 뒤처져 있습니다. 하지만 시뮬레이션에서는 최고입니다.[8] 양자 컴퓨터는 계산하거나 시뮬레이션할 수 있습니다. 어떤 이들은 시뮬레이션이 대규모 응용을 위한 알고리즘보다 먼저 실용화될 것이라고 내다봅니다. 미래는 중성 원자 컴퓨터의 시대일까요? 다음 장에서 계속됩니다.

게임이 아닌 진짜 시뮬레이터

14

양자 현상을 양자로 시뮬레이션하여
중대한 문제를 해결하다!

제가 청소년기에 즐긴 비디오 게임과 오늘날의 비디오 게임의 가장 큰 차이점은 꼭 그래픽이나 속도에 있지 않습니다. 내 관점에서 보면 진정한 혁신은 자유도입니다! 플레이어가 원하는 행동을 하면 배경과 시나리오가 그 행동에 실시간으로 적응하며 어떠한 엉뚱한 행동일지라도 받아들입니다. 가장 유명한 어드벤처 게임 중 하나인 '젤다의 전설'의 최신작은 압도적인 사실주의 물리 엔진을 탑재했습니다. 이 엔진은 모든 상황에 대응할 수 있도록 진화합니다. 유저가 보게 되는 게임 화면 너머에는 모든 것이 물리 시뮬레이션에 기반을 두고 있습니다. 플레이어가 갑자기 낭떠러지에서 뛰어내리기로 결정하면, 프로그램은 뉴턴 법칙을 이용해 궤적을 계산하고 즉시 자유낙하 중인 캐릭터를 화면에 보여줍니다. 마치 우리가 거기 있는 것처럼 말이죠.

물론 개발자들은 가끔 약간의 비현실성을 허용하기도 합니다. 주인공인 링크가 물체를 꽤 세게 치면 그 물체가 떠오르게 됩니다. 플레이어들은 이를 이용해 통나무를 보드처럼 타고 날아다니기도 합니다. 하지만 대부분의 경우 물리 법칙이 게임이 어떻게 진행될지를 결정합니다. 물리학자인 라파엘 그라니에 드 카사냐크 Raphaël Granier de Cassagnac 는 이러한 풍부한 연계성을 탐구하기 위해 파리 폴리테크닉 대학에 '과학과 비디오 게임 학과'를 만들었습니다.

양자 시뮬레이터는 이러한 비디오 게임과 정반대로 작동합니다. 여기서는 방정식이나 프로그램조차 없습니다. 알고리즘이 실행되지 않고, 계산 비슷한 것 자체가 없습니다. 단지 몇 개의 원자가 서로를 곁에 두고 진공 공간에 떠 있습니다. 그리고는 자연적인 양자 법칙이 작용하도록 내버려 둘 뿐입니다.

아직도 파인만입니다!

모든 과학자들은 새로운 과학적 성취를 도와줄 수 있는 시뮬레이터를 갖고 싶어합니다. 예를 들어 화학자는 분자 간 반응을 예측해 주는 소프트웨어를 꿈꿀 것입니다. 지루하고 반복적인 실험실 작업에서 벗어날 수 있으니 시간을 많이 절약할 수 있겠죠! 더 나아가 새로운 화합물, 친환경 신소재, 의약품을 발명할 수 있는 엄청난 기회가 될 것입니다.

해야 할 일은 분명합니다. 관련 분자의 에너지 준위를 계산하기만 하면 됩니다. 이 값을 알면 가능한 반응과 효율까지 예측할 수 있습니다. 양자 화학자가 필요한 것은 슈뢰딩거 방정식 하나입니다. 분자를 구성하는 입자와 상호작용의 특성을 입력하고 프로그램을 실행하면 방정식의 해를 계산해 줍니다. 그것이면 되는 거죠. 하지만 사실은….

물 분자를 예로 들어 보죠. H_2O를 구성하는 2개의 수소와 1개의 산소 안에 있는 전자, 양성자, 중성자 총 36개 입자에 대한 방정식을 풀면 됩니다. 안타깝게도 양자역학에서는 36개 입자의 상태를 계산하려면 2^{36}가지, 약 700억 가지의 가능한 상태를 다뤄야 합니다. 조금 더 큰 분자, 예를 들어 포도당을 상상해 보세요.[1] 관련된 상태의 수가 우주 전체 입자 수를 넘어설 것입니다.

이 문제의 전문가 마티아스 트로이어Matthias Troyer 는 "이것은 양자 화학의 가장 성가신 문제 중 하나입니다."라며 겸허하게 인정합니다. 연구원들은 방정식을 계산하기 위해 종종 큰 근사치를 적용할 수밖에 없는데, 그 해답이 충분히 정확하지 않습니다. 결과적으로 계산이 반응의 정확한 진행 상황을 예측하지 못하므로, 결국 화학자들은 실험실로 돌아가 실제로 혼합물을 직접 시험해야 합니다.

1981년, 물리학과 정보 과학에 관한 작은 학술대회에서 양자역학의 거장 리처드 파인만Richard Feynman 은 자신의 독특한 방식으로 이 어려움을 다음과 같이 요약해 말했습니다.

"자연은 고전적이지 않아요, 정말이지! 그러니까 자연을 시뮬레이션하고 싶다면 그것을 양자적으로 만들어야 합니다. 그리고 이것은 굉장한 문제입니다. 결코 쉬워 보이지 않거든요…."

그는 정말 간단한 해결책을 제안했습니다.

"컴퓨터 자체가 양자역학 법칙을 따르는 요소들로 만들어지게 해야 합니다."

이 아이디어는 한 문장으로 요약되는데, 빛나고 아름다우며 심오합니다. 이 미국의 노벨상 수상자는 계산을 수행하는 컴퓨터 자체가 양자 법칙을 따르게 하자고 제안했습니다. 더 이상 컴퓨터에 어떤 방정식의 해를 계산하라고 요구할 필요가 없습니다. 단지 적절한 초기 조건을 설정해 두면 됩니다. 만약 이 컴퓨터의 작동이 슈뢰딩거 방정식을 따른다면 자연스럽게 해답으로 진화할 것입니다.

물리학자는 어느 정도 자신의 전문 영역을 포기해야 합니다. 이론적 모델을 풀려고 노력하는 대신, 그저 이 이상한 기계가 해답을 내놓기를 믿으면 됩니다. 주의하세요! 이 시뮬레이터는 일반적인 시뮬레이터와 다릅니다. 보통 시뮬레이터는 방정식을 계산하여 행동을 예측하지만, 이 시뮬레이터는 모형처럼 작동합니다. 떨어지는 돌의 궤적을 찾기 위해 어떤 방정식도 풀지 않습니다. 대신 작은 조약돌을 미니 낭떠러지 위에 올려놓고 떨어뜨립니다. 이 작은 돌도 중력의 법칙을 따르기 때문에, 시뮬레이터는 그저 돌의 움직임을 촬영한 뒤 실제 바위의 경우에 적용하기만 하면 됩니다.

파인만이 상상한 장치는 미니어처 모래 상자를 연상시키는데, 거기에 양자 레고 같은 것을 만들어 더 복잡한 상황을 재현할 수 있습니다. 남은 문제는 어떤 레고 블록을 사용할지 찾는 것뿐입니다!

자석으로 자석 시뮬레이션하기

이 책을 준비하면서 한 명의 이름이 계속 등장했는데, 바로 미하일 루킨Mikhail Lukin입니다. 그는 50세로 푸른 눈과 동그란 안경에 강한 러시아 억양을 지녔지만, 텔레비전에 나오는 유명인처럼 보이지는 않습니다. 그러나 이 평온한 얼굴 속에는 그 세대 가장 뛰어난 물리학자 중 한 명의 모습이 숨어 있습니다. 수많은 상을 휩쓴 그는 400편이 넘는 논문 실적을 가지고 있으며, 20년 넘게 하버드 대학에서 연구 팀을 이끌고 있습니다.

그의 절대 경쟁자인 프랑스 출신 앙투안 브로와예는 어느 정도 운명론적인 태도로 말합니다.

"그들은 무서운 화력을 가진 팀이에요. 하버드 대학이니까요. 세계 최고 수준의 학생들이 배정되고, 프랑스보다 두 배나 긴 대학원 학위 과정을 거칩니다. 엄청난 재정적 지원을 받고 있고요. 세계 최고 수준의 응집물질물리학 학과 전체가 그들과 협력하고 있습니다. 그리고 무엇보다 그들은 정말 뛰어나답니다."

디지털 계산

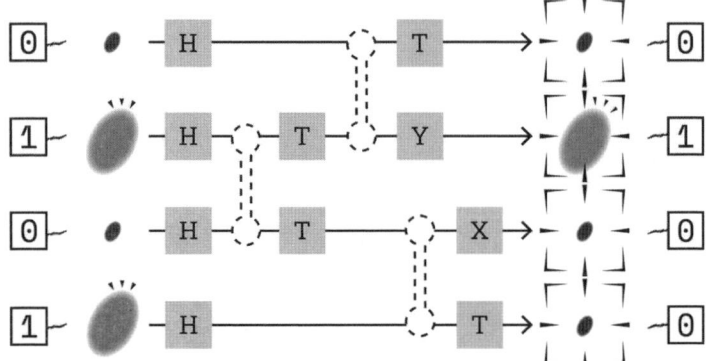

큐비트를 프로그램에 따라 조작합니다.

아날로그 시뮬레이션

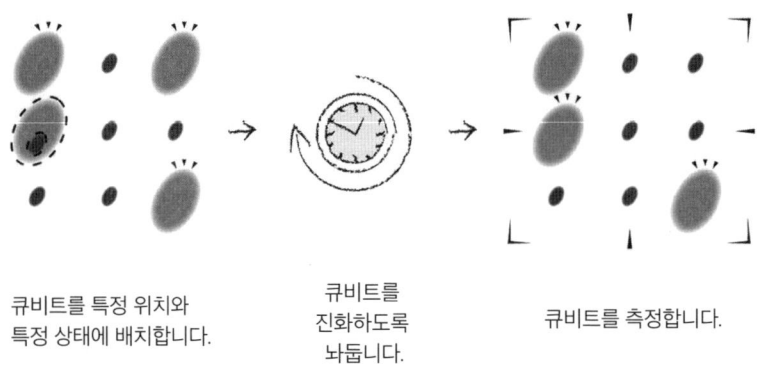

큐비트를 특정 위치와
특정 상태에 배치합니다.

큐비트를
진화하도록
놔둡니다.

큐비트를 측정합니다.

양자 컴퓨터에서는 큐비트가 측정되기 전에 다양한 조작(게이트, 얽힘 등)을 거칩니다. 반면 시뮬레이터에서는 큐비트를 양자역학 법칙에 따라 자유롭게 진화하도록 놔둡니다.

브로와예의 평가는 결코 과장이 아닙니다. 루킨은 30명이 넘는 대학원 학생을 지도하고 있습니다. 그의 팀은 원자 네트워크, NV⁻ 센터 다이아몬드, 나노광학 등 다양한 주제에 대해 항상 이전보다 혁신적인 논문을 지속적으로 발표하고 있습니다. 최근 논문 중 하나에서는 작동 가능한 양자 시뮬레이터를 만드는 데 성공한 내용이 실려 있습니다.

이 연구의 저자인 줄리아 세메기니Giulia Semeghini는 오래된 본인의 연구 주제인 '쩔쩔맴frustration'을 다루고자 했습니다. 함께 따라가 볼까요? 주어진 다이어그램에 스핀을 배치할 때 서로 반대 방향을 향하도록 해야 합니다. 정사각형 모양이라면 문제없겠죠. 하지만 스핀이 삼각형 세 꼭짓점에 위치하면 불가능해집니다. 한 스핀이 위를 향하면 이웃 스핀은 아래를 향해야 하는데, 그렇다면 세 번째 스핀은 어떻게 해야 할까요? 이런 스핀을 '쩔쩔맴' 상태에 있다고 합니다. 다시 여러 개의 삼각형이 다윗의 별 모양을 이루는 다이어그램에 스핀을 배치해 보세요. 쩔쩔맴이 지속되어 스핀들이 서로를 잘 배치할 방법을 찾지 못합니다.

고체 이론의 거장 중 한 명인 필립 앤더슨Philip Anderson은 1970년대부터 이런 경우 이상한 현상이 발생할 수 있다고 예견했습니다. 스핀이 최선을 다해 배열하려 하는 대신, 전혀 다른 행동을 보일 수 있다는 것입니다. 모든 스핀이 얽혀서 거대한 중첩 상태에 들어가 동시에 위와 아래를 향할 수 있습니다. 그러면 자석은 '스핀 액체'라고 하는 새로운 물질 상태로 변화할 것입니다. 하지만 아직까지의 실제 실험 결과로는 상황이 여전히 혼란스럽습니다.[2] 스핀 액체는 이론가들의 달콤한 꿈일 뿐일까요?

　루킨 연구 팀은 '쩔쩔맴' 스핀을 고체에서 직접 측정하기보다는 본인 그룹에서 애용되었던 리드버그 원자(13장 참조)를 이용해 시뮬레이션하기로 했습니다. 물론 원자는 스핀이 아니지만, 스핀과 똑같이 반응하도록 만들 수 있습니다. 실험자들은 약 200개의 원자를 진공 상태에 띄워 놓고 다윗의 별 모양으로 조심스레 배열했습니다. 자리를 잡으면 레이저로 원자를 들뜨게 해서 '상하 반대 상태'가 되도록 강제했습니다.

　그게 전부입니다. 이 시뮬레이터는 계산을 수행하지 않으며 양자 게이트조차 없습니다. 물리학자들은 단지 자연의 법칙을 따르게 둘 뿐이고, 그것이 이 경우와 이 정도 크기의 세상에서는 양자 법칙인 것이지요. 답은 곧바로 나옵니다. 원자들이 마치 초대형 슈뢰딩거 고양이처럼 자발적으로 훌륭한 스핀 액체를 형성한 것 같습니다. 꼭 50년 전 앤더슨이 예측한 대로입니다. 이 시뮬레이터가 이 새로운 물질 상태의 존재를 밝혀내고 확인한 것입니다.

　이 연구는 2021년 말 사이언스 Science 지에 실렸습니다. 루킨은 다음과 같이 말합니다.

"연구실에서 이 이상한 상태를 실제로 관찰하고, 건드려 보고, 조작해 가며 그 성질을 이해할 수 있을 때가 가장 특별한 순간입니다."

　또한 이 논문에서 연구 팀은 이 상태가 매우 특별한 위상수학적인 성질을 가지고 있어 오류에 강한 새로운 유형의 큐비트 제작에 활용될 수 있음을 확인했습니다(12장 참조).

이렇게 원자 시뮬레이터는 오래된 물리 문제에 답할 뿐만 아니라, 스핀 액체의 이상한 성질을 확인함으로써 한 발짝 더 나아갔습니다.

열린 문

하버드 연구 팀만이 이런 종류의 실험을 하는 것은 아닙니다. 중성 원자, 이온 트랩, 초전도체 등 다양한 방식으로 각자의 시뮬레이터를 개발 중인 연구실이 많습니다.

제가 가장 좋아하는 장치 중 하나는 냉각된 원자 기체를 레이저로 자르는 '양자 기체 현미경'에 기반합니다. 이 분야의 전문가인 다비드 클레망David Clément이 파리 광학연구소 실험실에서 실험을 직접 보여줍니다. 레이저 빔들이 교묘하게 섞여 간섭하면서 광학 결정과 같은 일종의 빛 격자를 만듭니다. 이 빛 격자에 헬륨 원자를 갖다 놓으면 마치 늘어선 구멍에 안착하는 구슬들처럼 격자에 안정적으로 갇히게 됩니다.[3] 이 양자 기체를 이용해 고체 물리학의 '오래된 문제'를 시뮬레이션하는데, 다른 방식으로는 풀기 어려운 문제들입니다. 각 원자가 스핀이나 금속 내 전자 역할을 합니다.

주요 경쟁자인 독일의 임마누엘 블로흐Immanuel Bloch, 미국의 마커스 그라이너Markus Greiner와 마찬가지로, 다비드 클레망 역시 물질을 탐구하는 새로운 방식을 만들어내고 있습니다. 가장 어려운 문제들이 이 기이한 계산기로 검토되고 있으며, 새로운 발견이 이어지고 있습니다. 미국 동부에서는 고온 초전도체를, 오스트리아에서는 스핀 역학을, 메릴랜드에서는 상전이를, MIT에서는 스핀 수송을, 독일에서는 스핀 사슬을, 클레망 연구실에서는 쿠퍼 쌍을 다루며, 모든 곳에서 시뮬레이션이 한창입니다. 브로와예와 그의 팀 역시 2021년에 200개의 리드버그 원자를 포획하고 사각 격자와 삼각형 모양으로 배열하는 데 성공했습니다. 두 경우 모두 시간에 따른 원자 진화를 관찰하는 데 성공한 것입니다.

이것은 단지 물리학자들만을 위한 사고 실험이 아닙니다. 사각형에 배치된 이런 원자들을 사용하면 '이징 모델 Ising model'을 시뮬레이션할 수 있습니다. 처음에는 단순한 수학적 호기심에 불과했지만, 이 사각형에 스핀을 교대로 배치한 모델은 이론 물리학에서 중심적인 역할을 합니다. 현재 가장 뜨거운 주제들을 다룰 수 있기 때문입니다. 물질에서는 질서와 무질서 사이의 전이, 특정 고체 내 전자의 이상한 움직임, 고온 초전도체의 기원 등을 이해하는 데 도움이 됩니다.[4] 이를 뒷받침하듯 최근 노벨 물리학상은 이 모델의 전문가 중 한 명인 조르조 파리시 Giorgio Parisi에게 수여되었습니다.

물리학을 넘어 여러 이론 연구에서 이징 모델과 비슷한 많은 상황이 있음이 입증되었습니다. 심지어 인문사회과학 분야에서도 말이죠. 예를 들어 각 스핀을 한 인간에 대응시키면 이 모델은 도시 내 다양한 사회 집단이 어떻게 구역을 나누어 분포하는지 이해하는 데 도움이 됩니다. 언어학자들은 '이징'을 활용해 인구 내에서 어떤 언어가 주류가 되고 다른 언어가 사라지는지 분석합니다. 경제학자들은 금융 시장의 특정 자발적 변화를 더 잘 분석하기 위해 이를 활용합니다. 심지어 앞서 (8장에서) 언급한 고전적인 여행가 문제를 해결하는 데에도 사용될 수 있습니다. 여행가가 여러 도시를 지나야 할 때 최적의 경로는 무엇일까요? 일반적인 컴퓨터에서 20개가 넘는 도시에 대해 계산하려하면 조합의 수가 어마어마해져 이 문제를 풀 수 없습니다. 하지만 양자 시뮬레이터에서 이징 모델을 통해 해결할 수 있습니다. 거대 기업들이 점점 더 원자에 관심을 가지는 이유를 이해할 수 있겠죠.

인류의 미래일까?

이제 자석 시뮬레이터에서 벗어나 친숙한 분자로 돌아가 봅시다. 복잡한 분자를 시뮬레이션하는 데 어떤 이점이 있을까요? 양자화학 분야에만 국한되지 않는 실로 엄청난 영향력이 있습니다. 그런 시뮬레이터가 있다면 새로운 화학 반응을 상상할 수 있을 것입니다. 어쩌면 양자 컴퓨터의 다른 모든 응용 분야를 합친 것보다 더 큰 영향력이 있을 수 있습니다.

잘 생각해 보면 우리 문명이 직면한 주요 과제 중 하나는 탄소 고정이라는 개념으로 요약할 수 있습니다. 대기 중 이산화탄소를 어떻게 포획하여 기후 변화를 막을 것인가? 목표는 쉽게 설명할 수 있지만,

해결책은 전혀 아닙니다. 대기에서 이산화탄소를 추출하고 예를 들어 메탄올로 전환시킬 수 있는 물질을 발견해야 합니다. 이 반응을 효율적으로 일으키는 방법을 찾는다면 장기적으로 인류에게 엄청난 혜택이 있을 것입니다. 이를 위해 화학자는 대규모 활용을 위해 반응 과정을 용이하게 해주는 적절한 촉매 화합물을 찾아야 합니다. 반응의 각 단계에서 다양한 분자 에너지를 계산하고 특정 에너지 장벽을 낮출 수 있는 촉매를 찾아내야 합니다. 이것이야말로 양자 컴퓨터에 투자할 만한 가치가 있는 임무입니다!

불행히도 이는 스핀이나 상호작용하는 원자 문제와는 전혀 관계가 없습니다. 이번에는 실제 계산이 필요합니다. 양자 컴퓨터가 여전히 최선의 선택지입니다. 합리적인 시간 내에 근사치 없이 슈뢰딩거 방정식을 풀 수 있는 유일한 도구이기 때문입니다. 하지만 이제는 알고리즘과 양자 게이트를 사용하는 방식인 '디지털' 시뮬레이션입니다. 실제로 많은 논문에서 사용 방법을 제안하고 있으며, 이론적으로는 꽤 명확합니다. 이 분야의 주요 기업들은 이미 가까운 미래에 새로운 촉매를 약속하고 있습니다. 곧 탄소 포획이 손에 잡힐 수 있을까요?

마티아스 트로이어Matthias Troyer는 별로 자신이 없습니다. 취리히 연방 공과대학과 마이크로소프트에서 연구원으로 일하는 그 역시 분자를 시뮬레이션하고 있습니다. 트로이어도 다른 사람들과 마찬가지로 창의적인 계산 방법을 제안합니다. 그러나 동시에 그는 이 계산에 필요한 컴퓨터 크기를 예측하고 있으며, 그의 결론은 냉정합니다. 실용적인 문제 풀이를 위해서는 에너지 값에 대해 100만분의 1의 정밀도를 가진 계산이 필요한데, 이를 해내려면 5,000개의 논리 큐비트를 사용하는 컴퓨터, 즉 최소 500만 개의 물리 큐비트가 필요합니다(10장의 논리 큐비트와 물리 큐비트의 구분 참조). 더 나쁜 것은 계산에 10억 번 이상의 연산이 필요하고 최소 한 달이 걸릴 것이라는 점입니다. 이것이 극복해야 할 엄청난 과제입니다. 100만 개가 넘는 큐비트로 구성된 컴퓨터를 설계하고 결맞음 시간을 수백만 배 연장시키는 것입니다. 참고로 2022년 현재 컴퓨터는 겨우 100개의 큐비트를 몇 밀리초 동안만 조작할 수 있습니다.

양자 컴퓨터는 예상치 못한 곳에서 작은 혁명을 일으킬 수도 있습니다. 바로 농업 분야입니다. 현재 질소 비료는 인구를 부양하기 위해 우리 사회가 지불하는 주요 에너지 비용 중 하나입니다. 이 비료를 생산하려면 질소를 암모니아로 전환해야 합니다. 이 화학 반응에는 400℃ 이상의 반응로가 필요하며, 이를 위해 전 세계 에너지의 1~2%를 소비하고, 대기 중에 막대한 양의 CO_2를 배출하고 있습니다. 이는 매우 심각한 문제입니다. 다행히 단순한 단백질, 질소 환원 효소Nitrogenase를 응용하면 질소를 가열할 필요 없이 비료를 생산할 수 있습니다. 만약 양자 컴퓨터가 이 효소의 작동 원리를 해독할 수 있다면, 그리고 공장에서 그것을 모방하기만 하면 오염을 발생하는 반응로는 더 이상 필요 없게 될 것입니다!

하지만 다시 한번 우리의 이상과 현실은 큰 차이를 보입니다. 현재 오류율을 1,000배 개선해도 수백만 개의 큐비트와 며칠 간의 계산이 필요할 것입니다. 그럼에도 마티아스 트로이어는 한 논문에서 다음과 같이 다소 낙관적으로 결론을 내립니다.

"최근 몇 년간 양자 알고리즘이 급속도로 발전했음을 고려할 때, 우리는 그것이 실현될 것이라고 확신합니다."

그러나 그는 양자 컴퓨터를 개선하는 것만으로는 부족할 것이며, 양자 화학 분야에서 새로운 주요 돌파구가 필요할 것이라고 덧붙입니다. 어쩌면 종래에는 이 분야에서 얻을 메리트가 우리로 하여금 양자 컴퓨터의 실현을 쫓게 하는 유일하게 가치 있는 일이 될지도 모릅니다. 화학을 예측하는 새로운 방식을 만드는 것입니다.

그러나 너무 낙관적이어서는 안 됩니다. 일부 기술 옹호론자들은 과학이 항상 그래 왔듯이 기적 같은 해결책으로 우리를 구해줄 것이라며, 현재 진행 중인 지구 온난화 현상을 개선하기 위해 필요한 조치를 미루려 합니다. 저는 양자 컴퓨터가 이러한 행태에 면죄부처럼 비춰지는 것을 원치 않습니다. 설령 탄소 고정이나 비료 생산이 개선된다 해도 이것만으로는 기후위기를 해결하지 못할 것입니다. 기후 변화에 관한 정부간 협의체IPCC 보고서에서 보여주듯이, 지구 온난화는 이미 상당히 진행되었고 관련 환경 변화의 관성으로 인해 극적으로 계속될 것입니다. 따라서 이 장에서 언급된 해결책만으로는 이 위기를 해결하기에 절대로 부족하며, 아마도 그 영향을 완화하는 데 조금 도움이 될 뿐일 것입니다. 나머지는 우리 사회 전체가 지금부터 양자 컴퓨터 유무와 상관없이 삶의 방식과 우선순위를 근본적으로 재고해야 합니다.

얽힘, 새로운 경계

가장 이상한 양자 현상을 이해하고 구체적으로 활용하기

15

와이어드Wired 웹사이트에서는 유튜브에 대중강연 시리즈를 제공하고 있는데, 그 형식이 독특합니다. 한 전문가가 동일한 개념을 서로 다른 연령대와 지식을 가진 5명의 대상자에게 차례로 설명하는 방식입니다. 최근에 물리학자 탈리아 거숀Talia Gershon이 여기에 참여했는데, 주제는 양자 컴퓨터였습니다.[1] 그녀는 10년 동안 IBM에서 이 분야를 연구해 왔기 때문에 적임자라 할 수 있겠죠. 카메라 앞에 앉아 있는 그녀는 이 새로운 종류의 컴퓨터 원리를 여덟 살 아이에게 몇 분 만에 설명해야 했습니다. 그다음은 십대 초반 소년, 고등학생, 대학원생 순서였고, 마지막이 이 분야의 가장 뛰어난 이론가 중 한 명인 스티븐 걸빈Steven Girvin이었습니다!

거숀이 보여준 능력은 존경할 만합니다. 각 단계마다 이 과학자는 새로운 방식으로 양자역학을 설명했고, 그 설명은 듣는 사람의 눈높이에 완벽하게 맞춰졌습니다. 저 역시 종종 비슷한 요청을 받곤 했습니다. 프랑스 남부의 여름 대학에 온 노년층, 에손 지역의 고등학교 2학년생, 북부 지역의 대학 예비과정 학생들, 렌 지역의 일반 대중들이었죠. 매번 저는 청중에게 발표 수준을 적절히 조절하겠다고 약속했고, 탈리아 거숀처럼 대상에 맞추려 노력했습니다. 하지만 솔직하게 털어놓자면, 실제로는 높은 수준의 물리학 학생이든 단순한 고등학생이든 같은 강연을 해왔습니다. 제 비결은 항상 최대한 단순성을 추구하고 방정식은 제쳐두고 가장 최신의 현대적인 측면에서 핵심 아이디어만 집중해서 소개하는 것이었습니다.

양자역학에서 가장 미묘한 효과, 바로 '얽힘entanglement'에 대해 여러분께 같은 방식으로 설명하겠습니다.[2] 여러분의 과학 수준이 어떠하든 상관없이 이 현상이 왜 양자 혁명의 핵심인지 이해할 수 있을 것입니다. 그리고 무엇보다, 전문가라고 해도 앞으로 소개할 실험을 보고 나면 감동받지 않을 수 없을 것입니다.

초보자 수준의 얽힘

양자역학의 주요 성질인 양자화, 중첩 상태, 물질-파동 이중성은 단일 입자에서도 관측됩니다. 하지만 얽힘 현상은 둘 이상의 입자가 필요합니다. 실제로 두 입자를 어떻게 얽히게 하는지는 뒤에서 설명하겠지만, 지금은 그것이 가능하다고 가정합시다. 이 기이한 성질이 의미하는 바를 이해하기 위해 2개의 '얽힌' 광자를 예로 들어보겠습니다. 한 광자는 오른쪽으로, 다른 한 광자는 왼쪽으로 보냅니다. 그들의 행로에 검출기를 배치하여 각 빛 알갱이가 도착하면 알리도록 합니다. 두 검출기로 또한 그들의 편광 상태를 측정해야 합니다. 편광은 광자가 갖는 전기장의 방향을 의미합니다.

실험을 더 잘 이해하기 위해 각 광자를 돌고래 한 마리씩으로 상상해 보세요. 돌고래 등 위의 지느러미가 편광을 나타냅니다. 돌고래는 장난꾸러기라서 바다에서 몸을 비틀어대며 헤엄치기를 좋아합니다. 이게 심하다 보니 등 지느러미가 위를 볼 수도 있고 아래로 향할 수도 있습니다.[3] 두 마리의 돌고래가 서로 반대 방향으로 지느러미를 놓고 헤엄치고 있습니다. 몇십 미터 떨어진 곳에서 그들은 사진에 찍히게 됩니다. 주의해야 할 점은, 이 돌고래들은 양자적이라 중첩 상태일 수 있다는 것입니다. 즉 지느러미가 동시에 위아래로 향할 수 있습니다.

항상 그렇듯이 이 기이한 중첩 상태는 측정 과정에서 하나의 상태로 무작위로 결정됩니다. 사진을 찍는 순간 돌고래의 지느러미가 갑자기 위 또는 아래를 향하게 됩니다. 촬영된 이미지가 이를 확인해 줍니다. 실험을 거듭할수록 한 마리 돌고래의 지느러미는 위, 아래, 아래, 위, 위, 아래, 위 등 매번 무작위로 결정되는 것 같습니다.

하지만 양자적으로 얽힌 두 돌고래의 사진을 서로 비교해 보면 사진작가들은 기이한 일치를 관찰합니다. 왼쪽 돌고래의 지느러미가 위를 향할 때마다 오른쪽으로 헤엄치던 돌고래의 지느러미는 아래를 향합니다.

얽힘은 상관관계로 드러납니다.

이것이 바로 이 현상의 핵심입니다. 두 입자가 얽히면, 설령 둘을 멀리 떨어뜨려 놓더라도 어떻게든 연결성을 가진 것처럼 서로의 성질이 연관성을 보입니다. 마치 먼 거리에서도 서로에게 영향을 끼칠 수 있는 것처럼 말이죠. 돌고래는 잠시 내려두고 실험실의 진짜 광자로 돌아가겠습니다. 편광의 두 가지 가능한 방향을 0과 1로 표기하겠습니다. 이는 두 상태를 갖는 양자 객체에 대한 일반적인 관행입니다. 이 두 광자에 대한 일련의 실험 결과는 다음과 같을 수 있습니다.

왼쪽 광자: 0110101010001011001000111
오른쪽 광자: 1001010101110100110111000

한 광자의 기준에서는 0과 1 사이의 교대가 완전히 무작위입니다. 그러나 한 광자가 0일 때 다른 쪽은 1입니다. 상관관계가 완벽합니다.[4] 이러한 순수한 양자 성질은 우리의 고전적 세계에는 비교할 만한 대상이 없습니다. 우리의 직관을 확연히 벗어납니다. 각 광자는 1 또는 0 상태가 될지 미리 결정하지 않고 측정 순간에야 그 선택을 하는 것 같습니다. 그 순간에, 그리고 오로지 그 순간에만 설령 한 광자가 수 킬로미터 떨어져 있더라도 다른 광자의 상태에 즉각적으로 영향을 주는 것

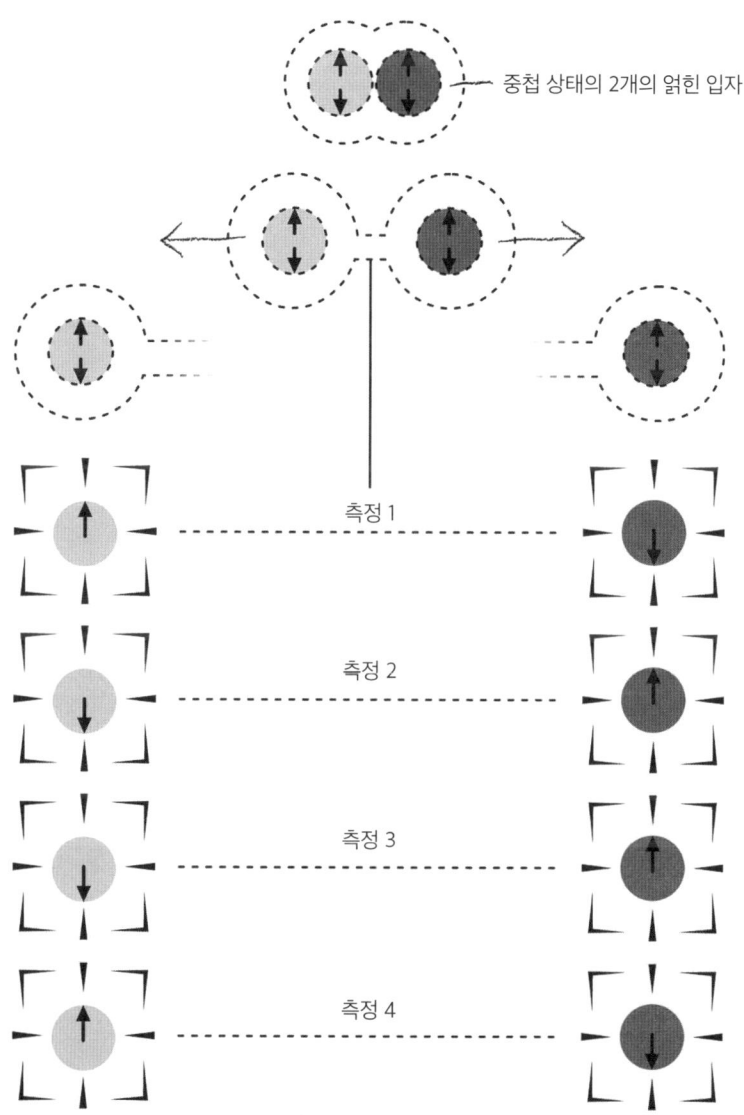

양자 얽힘

중첩 상태의 2개의 얽힌 입자

측정 1

측정 2

측정 3

측정 4

2개의 얽힌 입자를 분리한 후 측정하면 각각의 상태는 무작위이지만 그 측정값은 서로 상관관계를 가집니다.

같습니다.

불가능하지만 입증되었다!

아인슈타인은 이 현상의 지지자이자 동시에 회의론자였습니다. 당시 이론상에서 예견된 이런 식의 즉각적인 원거리 작용에 상당히 불편했던 이 유명한 물리학자는 다른 설명을 생각해 냈습니다. 만약 광자들이 서로 보이지 않는 신호를 교환한다면 측정되기 직전에 "너는 가로로 가고, 나는 세로로 갈게."라고 말하는 비밀 메시지 같은 것일 수 있습니다. 아니면 처음부터 숨겨진 변수를 공유하고 있어서, 메모 같은 것을 가지고 다니다가 마지막 순간에 그것을 참고하여 방향을 정하는 것일지도 모릅니다.

이 모든 가설은 1964년 존 벨John Bell이 개입할 때까지 순수 이론에 불과했습니다. 이 아일랜드 과학자는 아인슈타인의 아이디어를 정량적 예측으로 바꾸는 데 성공했습니다. 실험실 테스트 같은 것이었는데, 두 얽힌 입자가 숨겨진 변수를 공유하며 '속임수'를 부리는지 여부를 한번에 가려낼 수 있었습니다.

오르세 광학연구소의 알랭 아스페Alain Aspect가 20년 후인 1984년에야 이 테스트를 논란의 여지없이 수행했습니다. 그리고 답변은 명료했습니다. 아닙니다, 입자들은 비밀 신호를 주고받지 않습니다. 아닙니다, 그들은 어떻게 조정할지 알려주는 신비로운 메모를 공유하지 않습니다. 얽힘은 양자역학이 예측한 대로 순수하고 단단하며, 속임수가 없습니다. 두 얽힌 입자는 운명을 공유하고, 서로에게 영향을 미칩니다. 비록 분리되어 있더라도 말입니다.

더욱 당혹스러운 것은 이 연결의 힘이 입자를 멀리 갈라놓아도 약해지지 않는다는 점입니다. 중국의 위성이 이 분야 세계 기록을 세웠는데, 중국 양쪽 끝으로 두 얽힌 광자를 보내는 데 성공했습니다. 각 광자가 자신의 쌍둥이와 반대 성질을 가지기로 결정한 것은 지구에 도착한 후였으며, 당시 그들은 2,000 km 이상 떨어져 있었습니다! 이는 아스페가 실험했던 12 m 거리와는 엄청난 차이입니다.

주의해야 할 점은 이 현상을 너무 지나치게 확장 해석하거나 마치 무엇이든 설명할 수 있는 것처럼 과장해서는 안 된다는 것입니다. 많은 양자 신비주의와 가짜 과학들이 얽힘 현상을 과학 분야를 벗어난 맥락에 끼워 넣곤 합니다. 어떤 이들은 양자역학이 우리의 의식을 얽힘을 통해 우주와 연결시킨다고 주장합니다. 비유 자체는 매력적일지 모르지만, 이는 과학적 근거가 전혀 없습니다. 심지어 우리가 얽힘에 대해 알고 있는 모든 것이 이와 정반대를 시사합니다.

이 새로운 종류의 소위 전문가들은 얽힘이 연약하다는 점을 잊고 있습니다. 단지 광자 한 쌍을 수천분의 1초 동안만 얽히게 하는 것조차 어렵습니다. 경로상에서의 미세한 교란이라도 이 현상을 파괴합니다. 중국의 미시우스Micius(철학자 묵자 이름의 중국어 버전) 위성 팀은 이를 잘 알고 있습니다. 한 쌍의 광자가 지구 검출기에 '살아서' 도달하려면 100만 쌍을 보내야 했습니다.[5] 그렇다면 37℃의 인간의 뇌라는 공간,

모든 분자가 이웃과 지속적으로 상호작용하며 운동하는 곳에서는 어떨까요? 어떤 화합물이라도 주변 공기 분자들, 나아가 전체 우주와 얽힐 수 있을까요?

철학에서 기술로

초기에 아인슈타인의 논문에서 얽힘은 주로 양자역학과 현실 사이의 관계를 논의하는 구실로 사용되었습니다. 이 물리 이론이 우리를 둘러싼 세계에 대해 정말로 무엇을 말하고 있는 걸까요? 우리는 여전히 자연을 예전처럼 생각할 수 있을까요? 아니면 새로운 존재론을 만들고 사물과의 관계를 재고해야 할까요? 그러나 1980년대에 얽힘이 실험적으로 입증된 이후로 서서히 철학 분야를 벗어나 기술 분야로 옮겨갔습니다. 일부 과학자들은 이제 얽힘 광자 쌍을 만들 수 있게 되었으니, 당연하게도 이를 어떻게 활용할 수 있을지 고민했습니다.

첫 번째 확실한 방향은 통신을 위해 이 쌍을 활용하는 것입니다. 광자 사이의 이 원거리 영향을 정보 전송에 활용할 수 있을까요? 그 어떤 것도 빛보다 빨리 갈 수 없다는 상대성 이론의 성역을 위배할 수 있을까요? 대답은 명확합니다. 안 됩니다. 광자의 편광 상태를 측정하면 완전히 무작위적입니다. 이를 잘 구성해서 메시지를 만들 방법은 없습니다. 미리 얽힌 두 메시지를 당신과 제가 받는다 해도 무작위로 뽑힌 글자들의 무의미한 나열만 보일 뿐입니다.

하지만 당신의 메시지와 제 메시지를 비교하면 우리는 상관관계를 관찰할 것입니다. 유용한 정보는 개별 광자 값이 아니라 광자 간 상관관계에 숨어 있습니다.

연구원들은 이 이상한 아이디어에 기초하여 이것이 무엇에 쓰일지 탐구했습니다. 그리고 양자 컴퓨팅을 비롯한 예상치 못한 분야에서 응용 방안을 찾았습니다. 솔직히 말하자면 이 성질은 양자 컴퓨터 작동에 필수적이지 않습니다. 중첩 상태만으로도 충분합니다. 예를 들어 4개의 양자 상태를 한꺼번에 조작하려면 원자의 처음 4개의 양자 준위를 여기시키면 됩니다. 까다로운 작업이지만 가능합니다. 그러나 만약 이를 1,000개 상태에 대해 수행하려면 기술적으로 불가능할 것입니다.

여기에서 얽힘이 문제를 해결해 줍니다. 원자의 1,000개 준위를 직접 조작하는 대신, 여러 원자를 얽히게 하고 그들의 2개 준위만 조작하면 됩니다. 이 작은 입자 집합은 매우 많은 가능한 상태를 갖게 됩니다. 수학적으로 얽힘을 통해 10개의 원자만으로도 1,024개 상태를 조작할 수 있습니다.

결국 얽힘은 조작해야 할 상태 수를 극적으로 줄이는 데에만 쓰입니다. 이는 중요한 일입니다. 절약 효과가 지수함수적으로 증가하기 때문입니다.[6] 그러나 어떤 것이든 양면성이 있는 법입니다. 이렇게 아름다운 얽힘 상태를 계산 전체에 걸쳐 유지하려면 결 어긋남(10장 참조)과 지칠 줄 모르는 싸움을 벌여야 합니다. 하지만 노력할 만한 가치가 있습니다. 이를 증명이라도 하듯 이 분야의 모든 주요 플레이어들이 양자 컴퓨터 프로토타입을 만들기 위해 얽힌 큐비트 방식을 선택했다는 점입니다.

모퉁이 너머 보기

얽힘은 양자 컴퓨팅을 넘어 예를 들어 사진 분야에서 예상치 못한 발명으로 이어집니다. 사진을 찍을 때 카메라 렌즈는 우리 눈과 같이 장면의 빛을 포착합니다. 피사체가 주변 빛을 산란시키거나 흡수하여 빛의 경로를 변화시키기 때문에 이미지에 나타납니다. 오렌지를 촬영하면 카메라 센서로 오는 와중에 오렌지에 의해 그 경로가 꺾인 광자들에 의해서 이미지가 나타납니다. 따라서 사진을 개선하고 오렌지를 배경과 더 잘 구분하려면 광자들을 분류하여 오렌지에서 온 것들만 남기면 됩니다.

이는 얽힌 광자 쌍에 꼭 맞는 작업입니다! 전략은 역할을 잘 분담하는 데 있습니다. 광자 한쪽은 이미지를 포착하고, 다른 한쪽은 쌍둥이 광자를 감지해야 할 때를 알려줍니다. 이 아이디어를 실제로 오렌지를 대상으로 테스트하였습니다. 각 얽힌 쌍에서 한 광자가 정면으로 오렌지를 향해 보내집니다. 초속 30만 km로 나아가던 광자가 오렌지를 정면에서 만나 렌즈 쪽으로 반사됩니다.[7] 그러는 동안 나머지 광자는 후방에 머무르며 광섬유를 따라 검출기로 이동합니다. 이 장치는 신호 광자가 도착하는 순간 렌즈를 열어 모험을 마친 첫 번째 광자를 맞이해야 한다는 것을 압니다. 마치 요새의 관문이 아군 병사에게만 성문을 열고 바로 닫는 것처럼, 카메라 셔터는 오렌지를 '본' 광자에게만 문을 열고 다른 것들은 거부합니다.

결과는 놀랍습니다. 일반 사진에는 1조 개의 광자가 필요한 반면, 연구진은 단 10쌍의 광자로 오렌지를 볼 수 있었습니다! 이 기술은 완전히 암흑 상태에서도 촬영할 수 있고, 플래시도 필요 없습니다. 심지어 3차원 촬영도 가능합니다. 이를 위해서는 광자를 하나씩 보내 오렌지의 다른 곳을 차례로 겨냥하면 됩니다. 오렌지 앞부분에서 반사된 광자는 다른 광자보다 카메라에 먼저 도착합니다. 도착 시간을 측정하면 오렌지의 굴곡을 재구성할 수 있습니다.

더 놀라운 것은 이와 유사한 방식으로 모퉁이 너머, 시야가 가리는 곳까지 볼 수 있다는 점입니다. 여기서도 광자가 경로를 따라 받는 반사를 활용합니다. 마치 당구대의 당구공처럼 말이죠. 얽힌 광자가 곧장 나아가 정면 벽에 부딪힌 후 시야를 벗어난 방향의 직각으로 갈린 복도 쪽으로 향하고, 그곳에 있는 물체에 부딪혀 다시 발신지로 되돌아옵니다. 광자의 도착 시간을 100피코초 단위로 잰다면 모퉁이 너머 숨어 있는 사람의 형상을 센티미터 단위로 재구성할 수 있습니다.

역설적이게도 이 이미징 기술 개발에서 얽힘은 실제로 크게 쓰이지 않습니다. 초기에 물리학자들은 얽힘을 연구하기 위해 광자 소스를 발명했습니다. 그 사이 이 쌍들은 다른 연구자들에게 영감을 주어 광자들 간의 적절한 동기화가 중요한 이미지 캡처 분야에서 쓰이게 되었지만, 얽힘 자체는 이 분야에서 중요하지 않습니다.

군대가 개입하면…

이런 순수과학적 발전들이 이제 국방 분야의 관심을 받아 양자 레이더 설계로 이어지고 있습니다. 또다시 얽힌 쌍에서 한 광자가 안전한 곳에 대기하는 동안 다른 광자는 탐사에 나섭니다. 이 광자가 비행기 동체를 만나면 되돌아와 발신지로 복귀합니다. 도착하자마자 레이더는 양자 컴퓨터에서 볼 수 있는 일부 양자 연산을 통해 그 짝과 비교합니다. 이 둘이 여전히 얽혀 있을까요? 만약 그렇다면 첫 번째 광자의 왕복 시간을 재서 비행기 위치를 유추하기만 하면 됩니다.

언제나 그렇듯 양자 기술에서는 초기 아이디어에서 실제 구현까지 갈 길이 멉니다. 여기서 가장 큰 장애물 중 하나는 두 번째 광자가 돌아올 때까지 대기해야 하는 첫 번째 광자의 저장 문제입니다. 게다가 레이더가 사용하는 마이크로파 주파수 대역에서 얽힘을 만들어 내기는 매우 어려워서, 아직까지 실전에서 확실히 효과적인 양자 레이더를 구현한 사례는 없습니다. 적어도 공개된 연구 결과로는 없습니다! 이 초전략적인 분야에서는 주의해야 합니다. 일부 발견은 레이더를 피해 숨어 있을 수 있으니까요. 국방 분야에서는 새로운 발견을 발표하지 않는 경향이 있기 때문입니다. 특히 중국 측에서 나온 여러 발표를 통해 볼 때, 다양한 레이더들이 이미 테스트 중이며 상당한 성능을 보일 것으로 추정됩니다.

따라서 양자역학에는 군사적 용도가 있습니다. 전투 상황에서 이런 응용기술은 판세를 뒤엎을 수 있는 중요한 역할을 할 수 있습니다.

국가 안보와 관련된 이러한 문제들이 다음 장에서 다룰 양자 암호와 마찬가지로 많은 국가들이 양자역학에 관심을 보이는 이유가 되고 있습니다.

새로운 과학 분야가 열릴 때마다 우리의 삶을 바꿔 놓을 놀라운 결과가 예상되며, 이는 으레 매우 적극적으로 홍보됩니다. 이 때문에 여러분은 기후위기 해결이나 새로운 의약품 개발을 위한 양자기술 응용 사례를 주로 듣게 될 것입니다. 하지만 지나치게 순진한 낙관론은 위험합니다. 특히, 물리학 분야에서는 국사적 이용이 결코 먼 이야기가 아니기 때문입니다. 물리학자들이 개발한 원자폭탄의 기억이 이를 잔인하게 상기시켜 줍니다. 사실 이 제2의 양자혁명 역시 무기 분야에 활용될 수 있습니다. 그렇다면 우리는 피에르 퀴리Pierre Curie 의 "인류는 새로운 발견으로 해보다는 이로움을 더 얻을 것입니다."라는 말을 믿어야 할까요? 아니면 새로운 무기 개발을 막기 위해 일부 연구를 억제해야 할까요? 각자의 윤리 의식에 따라 판단할 일입니다.

얽힘 현상 만들기

지금까지는 얽혀 있는 광자 쌍을 만드는 방법에 대해서는 언급하지 않았지만, 과연 어떻게 얽힘 쌍을 만드는 것일까요? 현상 자체가 자발적으로 일어나지는 않기 때문에 임의로 선택한 두 광자는 결코 얽혀 있지 않습니다. 다행히도 필요에 따라 여러 가지 방법이 있습니다. 알랭 아스페와 동료들이 선구적인 실험에서 사용했던 최초의 방법부터 살펴보겠습니다. 아마도 단순해 보일 것입니다. 그러나 그들에게는 이 방법을 효율적으로 구현하는 데 무려 5년이라는 세월이 필요했습니다.

최초의 방법

1. 칼슘 원자 하나를 고릅니다.
2. 동시에 크립톤 레이저와 염료 레이저 2개의 레이저 빔으로 원자를 쪼입니다. 이 특별한 '2광자' 여기 방식으로 칼슘 원자가 매우 높은 에너지 준위로 전이합니다.
3. 기다립니다(오래 기다릴 필요는 없습니다). 칼슘 원자는 곧 하나의 광자를 먼저 내보낸 후 몇 나노초 후에 또 다른 광자를 방출하며 준위를 낮춥니다.
4. 이 두 광자가 나아가는 방향을 탐지합니다. 만약 운 좋게 서로 반대 방향으로 나아간다면 일정한 보존 법칙을 만족시키기 위해 그 광자들의 편광이 얽혀 있다고 확신할 수 있습니다. 그렇지 않다면 2단계로 돌아가 전 과정을 반복합니다.

오늘날 연구자들은 SPDC Spontaneous Parametric Down-Conversion, 자발적 매개 하향 변환라는 모호한 축약어로 불리는 다른 기술을 선호하는데, 이것이 훨씬 효율적입니다. 이 방법은 광학적 특성이 뛰어난 작은 결정에 기반합니다. 베타바륨보레이트BBO가 대표적인 예입니다. 한 광자를 이 결정에 보내면, 그 결정은 그 광자를 흡수했다가 곧바로 2개의 광자를 다시 방출합니다. 적절한 방향으로 2개의 BBO 결정을 맞붙이면 2개의 광자를 얽힘 상태로 내보내게 할 수 있습니다. 이런 광자 쌍 생산 공장들은 얽힘 현상 연구뿐 아니라 잘 조절된 단일 광자를 필요로 하는 모든 장치에서 활용됩니다. 다른 한 광자는 단지 동반자 광자가 방출되었는지를 알려주는 증인 역할을 합니다. 앞서 영상 기법에서 보았듯이 말입니다.

얼마 지나지 않아 양자 컴퓨터를 설계하려는 연구자들은 광자 외에도 다른 입자들을 얽히게 하고 싶어졌습니다. 그래서 각각의 큐비트 유형에 맞는 새로운 얽힘 유도 방법을 고안해야 했습니다. 마이크로파 여기법, 레이저 펄스 등 여러 가지 방법이 있습니다. 최근 몇 년 사이에 이온, 중성 원자, 스핀, 심지어 초전도 회로도 원하는 대로 얽힐 수 있게 되었습니다!

어떤 사람들은 더 큰 대상을 생각합니다. 이 일부 대담한 과학자들은 얽힘 대상의 크기를 원하는 대로 늘릴 수 있을지 궁금해했습니다. 과연 두 마리의 고양이를 얽히게 할 수 있을까요? 불가능하겠지요. 이미 언급했듯이 이 생물체는 뜨겁고 크기 때문에 결 어긋남이 너무 빠릅니다. 그렇다면 적어도 원자 하나보다는 큰 물체를 얽히게 할 수 있을까요? 2001년 덴마크에서 첫 번째 진전이 있었습니다. 한 연구 팀이 각각 1조 개의 세슘 원자로 구성된 2개의 기체 구를 얽히게 한 것입니다. 이 경우, 입자 무리의 전체 스핀이 얽히는 물리량이 됩니다.

몇 년 후 과학자들은 움직임 또한 얽힐 수 있다는 사실을 발견했습니다. 양자 물체가 진동할 때 그 움직임은 마치 파이프 오르간이 특정 음들만 낼 수 있는 것과 마찬가지로 특정한 진동수 준위에만 위치하게 됩니다. 즉 운동이 양자화됩니다. 2009년, 미국의 와인랜드 연구 팀은

10분의 1 밀리가량 떨어져 있는 2개의 이온 사이에서 이런 진동 준위들을 얽히게 하는 데 성공했습니다. 슈뢰딩거가 뉴턴을 만났고, 양자역학이 기계역학을 만난 셈이었습니다.

타악기 합주

물리적 운동과 양자역학을 섞는 것, 이것이 바로 새로운 도전 과제입니다. 다양한 팀들이 이 모험에 뛰어들었고, 그에 따른 발전도 곧바로 이루어지고 있습니다. 물질을 냉각시키고 그 진동을 가라앉히는 새로운 방법들이 개발되었습니다. 원자와 에너지 준위와 마찬가지로 물질 또한 여러 진동 준위를 동시에 점유할 수 있습니다. 사실 우리가 살고 있는 일반적인 온도에서 주변의 고체들이 바로 그런 상황에 놓여 있습니다. 처음에는 물질의 진동을 가라앉혀 가장 낮은 준위에 위치시키는 것이 과제였습니다. 연구 대상 물질은 그때 가장 단순하고 순수한 근원 상태, 피아노의 가장 낮은 음과 같은 양자역학적으로 완벽한 운동 상태에서 진동합니다.[8]

이것만으로도 가장 도전적인 연구자들로 하여금 2개의 구분되는 물체의 운동을 얽히게 하려는 시도를 상상하게 하기에 충분했습니다. 2021년 5월에 이러한 과업이 완수됩니다. 핀란드 연구 팀 하나와 미국 연구 팀 하나가 2개의 작은 북을 이용해 그 대기록을 이루어 냈습니다. 그들의 논문이 사이언스 *Science* 지에 동시에 실렸습니다. 미국 연구에서 사용된 북들은 길이 10마이크로미터 정도의 타원형 알루미늄 막으로, 작기는 해도 맨눈으로도 보일락 말락한 크기였습니다. 막을 떨리게 하기 위해 연구진은 일반적인 북처럼 두드리지 않고 대신 섬세한 마이크로파 펄스를 이용해 막을 진동시켰습니다.

이제 역사상 첫 양자 타악기 공연을 할 준비가 되었습니다! 첫 번째 펄스의 영향으로 각 북이 100마이크로초 동안 소리를 냈습니다. 두 번째로 약간 어긋난 짧은 펄스로 두 북을 얽히게 합니다. 그런 다음 물리학자들은 이 악기들을 그냥 자유롭게 진동하도록 두고 소리만 듣습니다. 진동 측정 결과 두 막이 완벽히 양자역학적으로 얽혀 있음이 분명해졌습니다.

이 두 알루미늄 조각은 단순히 동시에 진동하는 것에 그치지 않습니다. 그런 것쯤은 고전적인 2개의 북으로도 충분히 할 수 있는 일입니다. 사실 이 두 금속 악기는 하나가 된 것입니다. 물리학자들이 그들의 위치와 속도를 탐지했을 때 이를 확인할 수 있었습니다. 완벽히 얽혀 있는 단 하나의 북과 같은 행동을 보였습니다.[9]

이 논문의 저자 셜로미 코틀러Shlomi Kotler는 다음과 같이 말합니다.

"사람들은 이렇게 큰 것으로 이런 실험을 할 수 있을 거라고는 상상도 못했죠!"

그와 동료들은 단순한 진동조차도 진짜 양자 입자처럼 조작할 수 있게 되었습니다. 새로운 분야, 양자 음향학이 탄생한 것입니다.

양자 인터넷

얽힘이 새로운 암호화로 이어지고
통신 분야에서 다른 응용 프로그램들을
발견하는 방식을 알아보자!

1837년 3월 13일, 왕정 편에 선 검사는 기소를 진행하면서 가혹한 언사를 서슴지 않았습니다.[1]

"배심원 여러분, 이 긴 논의 과정에서 여러분은 최소한 한 번 이상 이번 사건이 중대하다는 점을 알아차리셨을 것입니다. 왜냐하면 그 결과에 따라 두 가지 중요한 문제의 운명이 좌우되기 때문입니다. 하나는 정부를 위한 것이고, 다른 하나는 사회를 위한 것입니다. 여러분은 앞으로 정부의 비밀을 지키는 공무원들에게 면책 특권을 줌으로써 그들을 부패시키고 그들의 직무를 불명예스러운 거래에 이용할 수 있도록 둘지를 결정해야 합니다."

이 법조인은 의식하지 못했겠지만 그는 역사상 최초의 사이버 공격 사건을 재판하고 있는 중입니다. 그 시대에는 전화는 물론이고 전기 전신조차도 없었습니다. 그럼에도 불구하고 프랑스에는 이미 클로드 샤페Claude Chappe가 발명한 신속한 통신 시스템인 시각 전신Chappe telegraph이 있었습니다. 이 시스템은 전국에 약 500개의 탑을 건설한 것에 기반을 두고 있습니다. 각 탑 꼭대기에는 관절이 있는 팔 구조물이 설치되어 있습니다. 메시지를 전송하기 위해 탑 관리인이 큰 손잡이를 작동시켜 팔 구조물에 98가지 자세 중 하나를 취하게 합니다. 15 km 떨어진 다음 탑의 경비원이 망원경으로 그 자세를 확인한 후 다시 전송합니다. 도착지에서는 번역표를 이용해 자세를 메시지로 전환합니다. 몇 분이면 파리에서 보르도까지 간단한 메시지를 전송할 수 있습니다.

1834년에 2명의 은행가 블랑Blanc 형제가 사악한 계획을 세웠습니다. 그들은 파리 근처의 한 경비원에게 뇌물을 주고 주 메시지 외에 간단한 '상'이나 '하' 같은 코드를 더 전송하게 했습니다. 보르도에 도착하면 그 코드를 공모자가 감지했습니다. 팔이 위를 가리키면 파리 중시 상승을 의미했고, 아래를 가리키면 하락을 뜻했습니다. 이 정보만으로도 그 불한당들은 우편보다 3일이나 앞서 파리 주가를 파악함으로써 보르도에서 투기를 할 수 있었습니다. 이렇게 2년 동안 블랑 형제는 부자가 되었습니다!

이 사기극은 한 공모 경비원이 임종 직전 비밀을 후임자에게 전해 주면서 마침내 들통이 났습니다. 최초의 통신 해킹 사건, 즉 사이버 공격의 효시가 결국 드러난 것입니다.

시각 전신이 양자 암호화를 사용했더라면 이런 일은 전혀 없었을 것입니다! 그 불한당들은 첫 시도에서부터 들통났을 것입니다.

양자 암호화

1980년대 중반 알랭 아스페와 그의 연구 팀이 마침내 얽힘의 존재를 증명했을 때, 그들은 오래된 기초 물리학 논쟁을 해결하고 있다고 생각했습니다. 그때는 모르고 있었지만, 사실 그들은 많은 응용 분야의 길을 열어젖혔습니다. 아스페 스스로도 다음과 같이 말했습니다.[2]

> "1990년대에 제가 그 주제를 떠났을 때 젊은 물리학자 아서 에커트Arthur Ekkert를 만났는데, 그가 '당신의 얽힌 광자로 양자 암호화가 가능하다는 것을 아셨나요?'라고 말했습니다. 그래서 제가 '양자 암호화가 뭔가요? 얽힌 광자로 뭔가 유용한 걸 할 수 있나요?'라고 대답했지요."

얽힌 광자 쌍을 이용하면 메시지를 공유할 수는 있지만, 그 메시지는 완전히 무작위이므로 단순히 무작위 문자를 공유하려는 목적이 아니라면 통신에 별 쓸모가 없습니다. 하지만 두 측은 이 메시지를 불가침의 비밀 코드로 활용할 수 있습니다. 긴 설명 대신 구체적인 예를 들겠습니다. 두 연구원 앨리스Alice와 밥Bob이 서로에게 메시지를 보내기 전에 암호화하고 싶습니다. 이를 위해 앞 장에서 다뤘던 것처럼 광자의 편광을 측정합니다. 이 실험에서 각 광자는 네 가지 편광 상태를 가질 수 있습니다. 쉽게 이해하기 위해 231페이지 그림처럼 2개의 삼각형과 2개의 타원으로 나타내겠습니다. 그림을 참고하면 이해하기 쉬울 것입니다. 이제 최고의 스파이 영화에 나올 법한 프로토콜을 소개하겠습니다.

앨리스는 먼저 실험실에서 광자 쌍을 얽히게 만듭니다. 그런 다음 하나는 밥에게 보내고, 나머지 하나는 측정합니다. 그 결과는 위를 향한 삼각형입니다. 밥은 곧 삼각형 광자를 받게 됩니다. 이를 측정하려면 아이들이 구멍 상자에 맞는 모양을 넣듯이 필터를 사용해야 합니다. 밥은 가진 필터 중 하나를 무작위로 선택합니다.³ 삼각형 필터를 골랐군요. 행운이었죠, 바로 그 필터가 맞는 필터였습니다. 이에 밥은 삼각형 광자를 측정하게 됩니다.

앨리스가 보낸 두 번째 광자는 수직 타원입니다. 여기서도 운 좋게도 밥은 타원 필터를 택했으니 수직 타원을 감지할 수 있었습니다. 완벽합니다. 하지만 세 번째 광자에서는 모든 것에 문제가 생깁니다. 삼각형 광자인데 밥은 여전히 타원 필터를 사용하고 있었죠. 그래서 앨리스는 삼각형을 측정했지만 밥은 타원을 감지한 것입니다. 얽힘의 법칙은 가혹합니다. 밥이 올바른 필터를 사용했을 때만 앨리스와 밥이 같은 모양의 광자를 감지할 수 있습니다. 그렇지 않으면 완전 무작위입니다.

걱정하지 마세요. 이 눈가림 게임이 끝나면 앨리스는 밥에게 전화

양자 얽힘을 이용한 양자 암호화

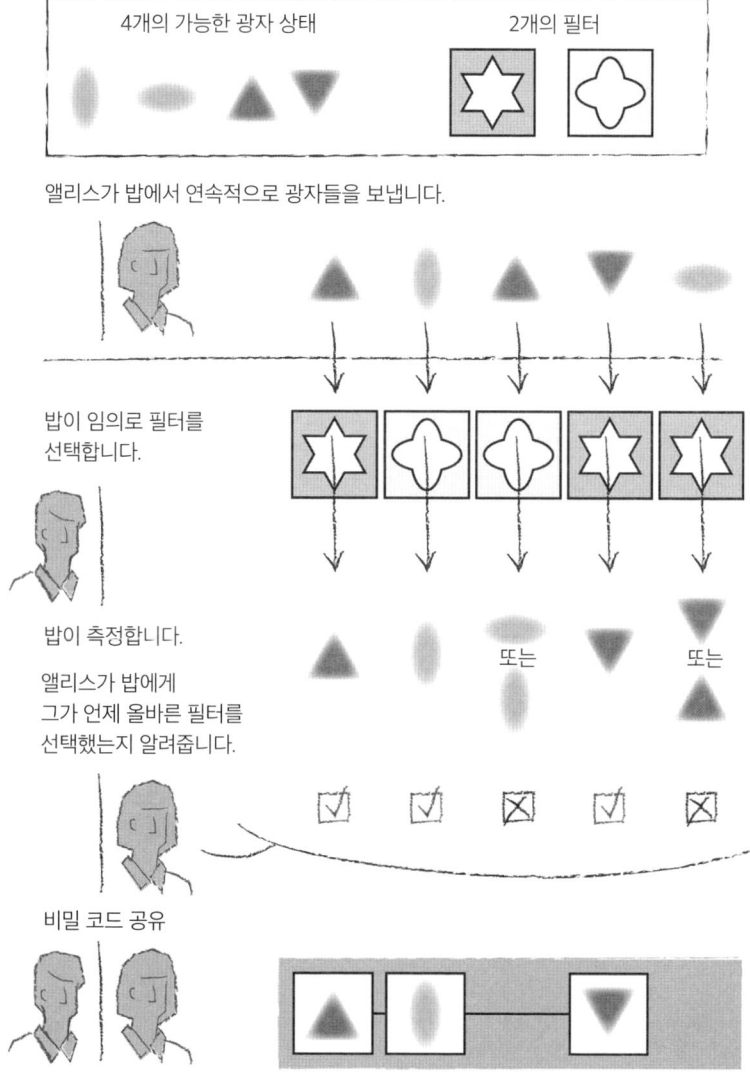

앨리스와 밥은 얽힌 광자를 필터로 측정하여 최종적으로 메시지를 암호화하는 데 사용할 수 있는 비밀 코드를 만듭니다.

양자 인터넷

를 겁니다. 그러면 밥은 어떤 필터가 사용되었는지 말하고, 앨리스는 어떤 필터가 맞는 것이었는지 알려줄 수 있죠. 최종적으로 그들은 모양 순서를 얻게 되어 비밀 코드를 만들 수 있습니다. 그 코드로 다른 메시지를 암호화할 때는 양자를 언급할 필요가 없습니다.

이 프로토콜의 놀라움은 스파이 활동에서 드러납니다. 007 요원이 은밀히 광자를 가로채려 하고 있습니다. 이 적의 스파이는 간단하고 효과적인 계획을 세웠습니다. 앨리스로부터 온 각 광자를 재빨리 측정한 다음, 같은 모양의 광자를 곧바로 만들어 밥에게 보내려는 것입니다. 밥은 아무것도 모르고 신호를 받아들일 것입니다. 하지만 우리의 과학자 제임스 본드도 필터를 사용해야 합니다. 잘못된 필터를 사용할 확률이 50%이고, 잘못된 필터를 사용했다면 잘못된 광자를 보낼 확률도 50%입니다. 결국 스파이는 평균 4개 광자 중 1개에서 오류를 범하게 됩니다. 앨리스와 밥이 메시지 일부를 비교해 보면 통신 선에 문제가 있는지 확인할 수 있습니다. 메시지가 충분히 길다면 오류가 곧바로 드러나 도청의 유무가 확실히 탐지될 것입니다.

요약하자면, 양자를 사용하면 비밀 키를 공유할 수 있을 뿐만 아니라 스파이의 존재도 탐지할 수 있습니다!

양자 해커들의 새로운 등장

앞에서 설명한 프로토콜은 양자 암호화의 첫 번째 프로토콜입니다. 이것은 발명자인 찰스 베넷Charles Bennett과 질 브라사Gilles Brassard를 기리며 BB84라는 이름이 붙여졌습니다. 1984년에 그들이 이것을 고안해냈죠. 아이디어를 발표한 후 이론물리학자였던 두 연구자는 실험적으로 직접 그 장치를 제작하기로 결심합니다. 정말로 드문 일이죠.

역시 이론가였던 3명의 학생들과 함께 그들은 장비를 동료 실험 물리학자들에게서 빌려 실험을 구축하기 시작했습니다. 이론적 제안 5년 후 그들은 겨우 30 cm 거리에서 프로토콜을 작동시키는 데 성공합니다. 비밀 요원 둘 사이의 통신 거리로 치자면 좀 짧은 편이지만, 어쨌거나 BB84가 실제로 작동한다는 증거가 나온 것입니다.

사실 브라사는 전원 장치 소음이 너무 커서 어떤 편광이 사용되는지 실시간으로 알 수 있었다고 회상합니다. 요컨대 초기 실험은 청각 장애가 있는 스파이에게만 통했던 셈이죠. 몇 년 후 장치가 개선, 증폭, 수정되어 여러 기업이 상용화에 나설 수준까지 도달했습니다. 그렇다고 양자 암호화가 통신 분야를 점령한 것은 아닙니다. 일부 틈새 분야에서만 사용되고 있으며, 이는 종종 실제 보안상의 이유보다는 브랜드 이미지 때문인 것 같습니다.

근본적인 단점이 있다는 점도 지적되어야 합니다. 겨우 수십 km 거리에서만 작동합니다. 실제로 대부분의 상용 장치에서 광자 쌍은 광섬유를 통해 전파되는데, 100 km를 넘어가면 광섬유 자체에 대부분 흡수됩니다. 인공위성을 이용하면 이 문제를 해결할 수 있지만, 대기가 신호를 교란시키고 단 하나의 광자라도 제대로 도착하길 바란다면 수백만 개의 광자를 발사해야 합니다.

반복기를 이용한 해결책이 고려되고 있습니다(뒤에서 이에 대하여 다루겠습니다). 이 거리 문제를 제외하면 양자 암호화는 공격이 곧바로 탐지되므로 안전한 통신을 위한 이상적인 솔루션으로 보입니다. 그럼에도 매우 엄격한 프랑스 국가정보시스템 보안청ANSSI은 공식 문서에서 다음과 같이 경고합니다.

"양자 키 분배가 일부 틈새 응용 프로그램에 사용될 수는 있지만, 차세대 안전한 통신 수단으로 간주되어서는 안 됩니다."

명백히 ANSSI는 이 방법이 겉보기와는 달리 그렇게 안전하지 않다고 경고하고 있습니다. 왜냐하면 항상 그렇듯 새로운 시스템이 뚫릴 수 없다고 주장하면 해커들이 취약점을 찾아내기 때문입니다. 그리고 결국 발견하곤 합니다. 양자 이론적으로 BB84 프로토콜은 뚫릴 수 없습니다. 하지만 해커들은 우리가 이론적 세계에 살지 않고, 실제 구현에 취약점이 있다는 것을 잘 알고 있습니다. 실제로 물리학자들이 측정 시스템의 결함을 활용해 프로토콜을 공격하는 방법을 발견했습니다.

양자 해킹 간단 사용 설명서
적이 동료의 광자를 측정하려 할 때 강력한 빛 플래시를 검출기로 보내세요. 기기가 마치 눈이 먼 것처럼 새로운 모드로 전환됩니다. 이제 개별 광자를 양자적으로 감지하는 대신 긴 빛 플래시만 감지합니다. 그런 다음 밥이 개별 광자를 측정한다고 믿게 하기 위해 특별 제작된 일련의 플래시를 보내세요.

이 '맞춤형 광 조명 방식'을 이용해 연구진은 시중에서 가장 많이 쓰이는 두 가지 상용 양자 암호화 솔루션을 완벽히 해킹할 수 있었습니다. 이후 이와 비슷한 약 10가지 트릭이 더 개발되었습니다. 이들 모두 관련된 과학 기기의 결함을 이용했으며, 검출기나 변조기, 광원의 결함을 활용한 것들입니다. 이런 취약점 하나하나에 대해 제조업체들이 대응책을 내놓고 있습니다. 결국 양자 암호화도 스파이와 보안 요원 사이의 고양이와 쥐 경쟁에서 벗어날 수 없습니다.

연구진 vs 제임스 본드

암호화는 다른 응용 분야와는 다릅니다. 자기 센서나 양자 시뮬레이터와는 달리, 암호화는 전략적이고 군사적인 문제에 직접적으로 영향을 미칩니다. 정부는 국가 주권이 걸려 있으므로 이에 특별한 주의를 기울입니다. 이것이 모든 지도자들이 더욱 야심찬 양자 계획을 내놓으며 경쟁하고 자금을 대규모로 투입하는 이유를 부분적으로 설명합니다.

물론 그에 따른 부작용도 있습니다. 일부 연구진은 특정 주제에 대해 전례 없는 기밀유지 규칙을 따라야 한다고 말합니다. 더 이상 모든 것을 논문으로 공개할 수 없고, 아무나 채용할 수 없으며, 진행 중인 연구에 대해 해외 동료들과 자유롭게 소통할 수 없게 되었습니다. 철저한 국가기밀 보안이 이제 겉보기에는 무해해 보이는 일부 양자 실험에도 적용되고 있습니다.

이런 새로운 규제는 국방부에서만 오는 것이 아닙니다. IBM, 구글, 마이크로소프트 등 대기업의 본격적인 진출로 게임의 규칙 또한 바뀌고 있습니다. 일반적으로 공공 연구는 개방된 문화에 기반합니다. 모든 과학적 결과는 자유롭게 공개되어야 하고, 모든 실험은 다른 이들이 재현할 수 있도록 자세히 설명되어야 합니다. 더욱 주목할 만한 점은 박사과정 중 모든 비밀과 노하우를 알게 된 학생이 졸업 후 경쟁사에 채용될 수 있다는 것입니다. 하지만 폐쇄적이고 경쟁적인 민간 기업에서는 다른 규칙이 적용됩니다. 연구원은 상부의 허가 없이는 발표할 수 없습니다. 때로 발견 사항은 특허 출원 때문에, 혹은 단지 몇 개월의 경쟁 우위를 점하기 위해 기밀로 유지됩니다. 경쟁사 취업 금지 조항 때문에 엔지니어는 퇴사 후 1년 동안은 경쟁사로 갈 수 없는 경우도 많습니다.

공공 연구소에서조차 관행이 변하고 있습니다. 이 분야에서 과학자들은 때때로 공공 연구와 병행하여 스타트업을 설립하기도 합니다. 그럼 그들은 익숙하지 않은 경제, 상업 세계에 휘말리게 됩니다. 이에 일부 연구자들은 최근 상황이 예전 같지 않음을 토로합니다. 해외 동료들과의 대화가 더 이상 개방적이고 우호적이지 않게 되었습니다. 갓 등장한 양자 기술의 유행이 이 분야 연구자들에게 전례 없는 자원을 제공하지만, 동시에 더 거친 분위기 때문에 가장 이타적인 이들조차 떠나게 할 수 있습니다.

양자 인터넷은 어떤 모습일까?

암호화는 통신과 관련된 유일한 응용 분야가 아닙니다. 스테파니 베너 Stephanie Wehner와 같은 이들은 더 큰 그림을 그리고 있습니다. 이 독일 과학자는 원래 양자 전문가가 아니었습니다. 사실 그녀는 해커로 시작했습니다! 그 후 그녀는 양자 해적의 진영에 합류해 진정한 양자 인터넷의 가능성을 옹호하게 되었습니다. 그녀는 유럽 양자 인터넷 프로그램을 총괄하고 있습니다. 그녀는 연설에서 "양자 인터넷이 세상을 혁명적으로 바꿀 것이라고 생각합니다."라고 외칩니다.[4] 과언이 아닙니다!

이 미래의 웹을 구현하려면 전송되는 0과 1을 큐비트로 대체하기만 하면 됩니다. 이러한 네트워크는 모든 통신을 보안할 것입니다. 출발지에서 목적지까지 얽힌 광자 쌍을 선택하면 메시지가 보호됩니다. 모든 것이 복제 불가능성 정리에 기반하는데, 이는 탐지 없이 큐비트를 복사할 수 없게 합니다. 이 네트워크는 사용자 간 개인 대화를 훔쳐보고자 하는 자들로부터 보호해 주는 최고의 방법이 될 것입니다. 하지만 단순히 보안의 요소만 강조되었다면 이 프로젝트가 이렇게 큰 꿈을 품게 하지는 않았을 것입니다.

이 양자 월드와이드웹의 끝에서 끝까지 큐비트를 얽히게 할 수 있는 가능성은 훨씬 매력적인 응용 프로그램의 길을 열어줄 것입니다. 실제로 이 인터넷은 앞에서 설명한 양자 컴퓨터 등 다른 양자 기술과 결합할 수 있습니다. 네트워크 노드에 위치한 양자 마이크로프로세서가 원격으로 큐비트를 공유할 수 있습니다. 작은 컴퓨터가 더 큰 컴퓨터의 도움을 받을 수 있는 것입니다.

지금도 인터넷 검색을 하면 수천 킬로미터 떨어진 데이터센터에서 요청이 처리됩니다. 양자 웹도 마찬가지로 작동할 것이며, 계산의 일부는 세계 다른 곳에 있는 강력한 컴퓨터에 위임될 수 있습니다. 직접 계산을 수행할 필요 없이 이를 위해 잘 꾸려진 원거리에 있는 실험실에서 계산을 전부 처리하는 것이 나을 것입니다. 반면 양자 센서를 이용해 집 또는 현장에서 어떤 현상을 측정하는 경우에는 연결된 양자웹은 매우 유용할 수 있습니다.

따라서 이 새로운 인터넷은 양자 도구들을 네트워크화하는 데 사용될 것입니다. 당연히 당신은 그래서 이것이 무엇을 위해서 쓰일지 궁금해할 것입니다. 천문학자가 아니라면 말이죠.

천 개의 실험이 하나로

천문학자들은 누구보다 잘 알고 있습니다. 다수의 힘을 모으는 것이 중요하다는 것을 말이죠. 초거대 망원경 VLT이 이를 생생하게 증명합니다. 유럽인이 설계한 이 망원경은 칠레 북부 해발 2,600 m에 위치해 있으며, 4개의 망원경으로 구성되어 개별적으로 또는 함께 조작할 수 있습니다. 함께 작동할 때 모은 빛이 검출기로 동기화되어 전송됩니다. 빛은 파동이기 때문에 도착지에서 여러 광선이 서로 간섭합니다. 파도가 합쳐지거나 상쇄되는 것과 같습니다. 이러한 간섭을 잘 활용하면 개별 망원경보다 20배나 뛰어난 각도 분해능을 얻을 수 있습니다. 망원경 간 거리가 멀수록 결과가 더 좋습니다. 하지만 먼 천체에서 오는 빛은 매우 약합니다. 또한 망원경과 집광기 사이의 거리가 멀어질수록 신호가 더욱 감소되고, 거리가 100 m를 넘어서면 검출기를 작동할 만한 신호 자체가 부족해집니다.

하지만 이는 양자를 고려하지 않은 생각입니다! 2011년, 다니엘 고디스만Daniel Gottesman 은 망원경에서 들어온 빛을 얽힌 광자 쌍으로 검출하자고 제안했습니다. 먼 천체에서 빛이 도달하면 그것이 망원경 지점의 한 광자와 상호작용하며, 얽혀 있던 다른 광자는 집광기 지점에서 곧바로 그 영향을 받습니다. 이 이론적 아이디어는 아직 테스트되지 않았습니다. 그러나 최근 제약을 완화하기 위해 양자 메모리를 추가하자는 제안이 있었는데, 이를 통해 첫 실험의 길이 열릴 수 있습니다. 우리는 원격 망원경들을 연결하여 성능을 합치고 전례 없는 분해능을 얻을 수 있는 양자 인터넷을 기대하고 있습니다.

얽힌 광자 쌍으로 양자 실험들을 연결하면 그 능력이 배가될 것입니다. 이 아이디어는 가장 단순한 양자 센서인 시계를 비롯하여 다른 센서들에도 적용될 수 있습니다. 이 책 초반에 양자를 통해 시간을 측정하는 방식을 자세히 설명했습니다. 망원경과 마찬가지로 전 세계에 분산된 원자 시계들을 연결해서 완벽하게 동기화할 수 있습니다. 각 시계가 자신의 똑딱거림을 큐비트를 통해 다른 시계들과 공유할 것입니다.[5] 결국 모든 장치가 하나의 집단 시계처럼 작동할 것입니다. 계산 결과 100개 시계 네트워크는 개별적으로 측정한 100개 시계 평균보다

100배나 정확한 시간을 제공할 것입니다. 이제 필요한 것은 얽힌 광자 쌍을 장치 간에 전송할 통신 수단, 바로 양자 인터넷입니다.

순간이동!

수천 km에 걸쳐 기능하는 양자 인터넷을 만드는 것은 분명 오늘날 당장 가능한 과제는 아닙니다. 모든 전문가들이 그 임무의 극한의 난이도에 동의합니다. 그럼에도 2021년 초, 지안 웨이 판 Jian-Wei Pan 이 이끄는 중국 연구진이 네이처 Nature 지에 4,600 km가 넘는 거리에서 작동하는 양자 통신 네트워크를 설계했다고 발표했습니다. 이 네트워크는 상하이, 허페이, 베이징을 연결하며 광섬유와 인공위성을 모두 활용합니다. 이 업적은 주목할 만하지만, 우리는 이것이 진정한 양자 인터넷이 아님을 기억해야 합니다. 30개가량의 소규모 네트워크가 서로 연결된 정도입니다. 구현된 광섬유에서 얽힌 광자 쌍이 100 km 이상 전파하지 못합니다. 따라서 100 km마다 신호를 측정하고 다시 전송하는 작은 실제 실험실 노드를 설치해야 합니다. 결국 고전 컴퓨터를 거치게 되는 것이죠.

묘약 같은 해결책이 있다면 '양자 반복기'입니다. 이 일종의 슈퍼 복사기로 큐비트를 복사한 다음 그 복사본을 더 멀리 보내 훨씬 먼 거리를 극복할 수 있습니다. 보통은 이러한 조작이 복제 불가능성 정리에 의해 금지되어 있죠. 하지만 물리학자들의 교활함을 잊지 맙시다!

앞에서 양자 암호에 등장했던 베넷과 브라사 그리고 그 동료들이 복사하지 않고 복사하는(?) 방법을 고안했는데, 이를 '양자 순간이동'이라고 명명했습니다. 잠시 '스타트렉'을 떠올렸다면 진정하세요. 어떤 원자도 사라졌다 다른 곳에 재물질화되는 진정한 순간이동은 일어나지 않습니다. 그 오해의 소지가 있는 명칭에도 불구하고 말입니다. 이 현상은 여전히 당혹스럽습니다. 왜냐하면 정보를 출발지와 도착지 사이에서 실제로 전송하지 않고도 순간이동할 수 있기 때문입니다! 그 정보란 큐비트의 양자 상태, 중첩 방식을 말합니다.

앨리스가 밥에게 큐비트를 보내고 싶지만 밥이 너무 멀리 있다고 가정해 봅시다. 앨리스는 중간 지점에 반복기를 설치합니다. 그런 다음 두 사람이 각자 얽힌 광자 쌍을 만듭니다. 그들은 한 광자를 가지고 다른 광자는 반복기로 보냅니다. 반복기가 두 광자를 받으면 자신의 방식으로 측정합니다.[6] 얽힘의 성질 덕분에 이것이 앨리스에게 남아 있던 광자의 상태를 밥에게 남아 있던 광자로 순간이동시키는 효과를 냅니다. 결국 밥은 앨리스의 큐비트 자체를 받은 것이 아니라, 자신이 보관하던 큐비트가 앨리스 큐비트의 완벽한 복제본이 된 것입니다. 물론 손해가 없는 건 아닙니다. 모든 얽힘이 과정에서 파괴되었고, 다른 큐비트를 전송하려면 새로운 광자 쌍 2개를 만들어야 합니다. 방법 자체는 단순해 보이지만 구현하기가 매우 까다로워서 아직 제대로 된 반복기는 존재하지 않습니다.[7]

30미터 길이의 양자 인터넷

이 책을 쓰는 시점에서 진정한 양자 인터넷에 가장 가까운 실험은 길이가 30미터에 불과하고 노드가 3개밖에 없습니다. 마치 당신의 네트워크가 가장 가까운 양쪽 옆집밖에 연결하지 못하는 것과 같습니다. 하지만 이 실험은 앞으로 극복해 나갈 과제의 기반을 제시합니다.

이 작은 양자 네트워크는 2021년 네덜란드 큐텍 QuTech 연구소에서 설계되었습니다. 세 지점 각각에 NV⁻ 센터(4장 참조)를 가진 작은 다이아몬드가 있습니다. 이 센터 안에는 전자가 있고, 이 전자의 스핀이 여기서 큐비트 역할을 합니다. 다이아몬드들은 수미터 길이의 광섬유로 연결되어 있습니다.

그렇다면 앨리스와 찰리는 어떻게 통신해야 할까요? 단순히 큐비트를 보내는 것이 아닙니다. 중간에 위치한 밥이라는 세 번째 노드를 활용하는 것이 요령입니다. 레이저와 마이크로파 여기를 이용하면 광자를 통해 앨리스와 밥의 다이아몬드를 얽히게 할 수 있습니다. 그런 다음 큐비트 상태가 사라지기 전에 밥의 다이아몬드에 저장해야 합니다.[8] 이렇게 하면 찰리와 밥의 다이아몬드를 얽히게 할 시간적 여유가 생깁니다. 이제 밥에서 두 광자를 적절히 측정하면 순간이동이 일어납니다. 순간적인 복사와 같이 앨리스의 큐비트 상태가 갑자기 찰리의 큐비트에서 찾아지게 됩니다!

이런 종류의 첫 통신이 2021년에 성공했습니다. 그 후 연구진들은 큐비트 수를 늘리는 계획을 세웠습니다. 하지만 노드 수나 네트워크

크기를 어떻게 늘릴지는 아직 모릅니다. 그 메커니즘이 매우 복잡하기 때문입니다. 양자광학과 나노자기학의 모든 세련된 기술이 단일 장치에 결합되어 있습니다. 궁극적으로 어떤 해결책이 채택되든 광학과 다른 양자 기술을 섬세하게 혼합해야 할 것입니다. 다이아몬드가 최고의 후보일까요? 저는 광자 및 실리콘 큐비트에 걸겠습니다. 그 설계자들은 이미 자유 광자와 실리콘 소자 간 결합에 익숙하기 때문입니다. 계속 지켜봐야겠습니다.

양자 통신의 미래는?

'양자 인터넷'이라는 용어 자체는 다소 극단적인 상상을 불러일으킵니다. 전통적인 네트워크보다 더 빠르게, 또한 즉각적으로 통신할 수 있을까요? 이 네트워크를 통해 동시에 세계 곳곳으로 중첩 상태의 메시지를 보낼 수 있을까요? 몇 가지 혹독한 현실을 상기시킬 때가 되었습니다. 먼저, 다시 한번 강조하지만 얽힘을 통해 빛보다 빠르게 통신할 수는 없습니다. 달리 말하면 양자 인터넷은 통신 속도 면에서 어떠한 이점도 제공하지 않습니다.

다른 일반적인 오해는 수많은 '양자 클라우드' 서비스를 통해 양자 인터넷이 이미 존재한다고 생각하게 된다는 것입니다. 예를 들어 IBM은 원격으로 자사 양자 컴퓨터를 작동시킬 수 있게 해줍니다. 하지만 이는 단지 가장 고전적인 연결을 통해 다른 곳의 양자 기계를 제어하는 것에 불과합니다. 네! 양자 현상은 IBM 연구소 내에서만 일어납니다. 당신 집에서는 아닙니다.

마지막으로 이런 인터넷은 종종 양자 암호화 덕분에 완전히 안전한 통신이 가능하다고 선전합니다. 하지만 취약점이 많고, 기존의 고전적인 보안 프로토콜도 계속 진화 중이기 때문에 한동안은 고전적인 방식이 계속 기술적으로 앞서 나갈 가능성이 높습니다. 저로서는 이런 인터넷이 언젠가 대규모로 존재한다 해도 실제 이익이 있는 경우라고 하면 여러 연구소를 서로 연결하는 목적이 될 것 같습니다. 그렇게 되면 일부 센서나 프로세서의 성능이 10배로 높아질 것입니다.

요컨대, 단순한 인터넷 사용자라면 양자 인터넷 상품이 생긴다고 해도 굳이 가입할 필요는 없습니다. 반대로 양자 연구소에서 일한다면 지금부터 가입을 준비하세요!

에필로그
주요 질문들

이제 우리는 양자 세계의 탐험을 마쳤습니다. 최첨단 연구실로 들어가 양자 컴퓨터를 모든 플랫폼의 모습으로 경험했고, 센서, 시계, 레이더 등도 보았습니다. 원자를 길들이는 이 새로운 방식들이 저를 매료시키고, 그것을 계속 찬양하며, 여러 권의 책을 써 내려갈 수도 있습니다. 그러나 이 마지막 장에서 저는 양자 애호가의 입장을 벗어나 약간은 불편한 몇 가지 질문을 던져보려 합니다. 이렇게 전체적인 맥락을 이해한 뒤에는 이제 특별한 지위를 지닌 양자혁명에 대해 의문을 제기할 때가 되었기 때문입니다.

질문1 이것이 정말 혁명인가?

아닙니다. 이 책의 제목을 보면 제 대답이 놀라울 것입니다! 하지만 제가 인정하건대 이것은 진정한 혁명이 아닙니다. 20세기 초 양자 이론의 창안, 그것이야말로 진정한 혁명이었습니다. 이 전례 없는 학문 분야는 당시 연구자들이 가졌던 우주에 대한 이해를 완전히 뒤흔들어 놓았습니다.

현재 우리가 겪고 있는 변화를 두고 같은 말을 하기는 어렵습니다. 물론 이전에는 없던 개념들이 등장했습니다. 예를 들어 결 어긋남과 오류 수정 같은 개념들입니다. 순간이동과 같은 흥미로운 현상들도 발견되었죠. 양자 알고리즘이라는 새로운 과학 분야도 탄생했습니다. 하지만 이 모든 것이 우리의 원자나 광자에 대한 이해를 뒤엎은 것은 아닙니다. 어떤 새로운 법칙도 기존 법칙을 대체하지 않았습니다. 잘 살펴보면 우리는 여전히 100년 전과 똑같은 슈뢰딩거 방정식을 다루고 있을 뿐입니다!

새로운 것은 노하우 측면에서 나타납니다. 최근 몇 년 동안 개발된 관측 및 제어 방법이 진정한 돌파구입니다. 연구원들은 개별 입자를 조작하는 방법을 배웠는데, 이것이 주요 변화입니다. 결국 우리는 과학적 혁명보다는 기술적 혁명을 목격하고 있습니다. 하지만 이 '제2의 혁명'은 특별한 성격을 지니고 있는데, 그것은 '모' 아니면 '도'의 속성을 띠고 있습니다. 우리가 극복해야 할 어려움이 상당히 크기 때문에 훗날 실제로 유용한 기계가 과연 언제쯤 작동할지 모릅니다. 안심할 만한 중간 단계가 없습니다. 양자 컴퓨터에 베팅하는 것은 룰렛에서 모든 재산을 빨간색에 거는 것에 비유할 수 있습니다. 두 배가 되든지 빈손이 되는 위험한 상황이죠. 이 분야를 다른 분야와 구별짓는 또 다른 특징은 혁신과 기초 연구 사이의 경계가 분명하지 않다는 점입니다. 투자자, 개발자 및 관리자는 과학자와 첨단 연구를 이해하고 가까이해야 합니다. 모든 신참자들은 '수준이 높다'는 것을 인정합니다. 이 분야에서 일하는 물리학자들은 가장 복잡하고 대중화하기 어려운 분야의 전문가이기 때문입니다. 이들 과학자들조차 산업체나 상업 분야와 대화하는 데 익숙하지 않습니다. 하지만 좋은 점도 있습니다. 많은 초심자들이 제게 이 독특한 연구원들과 지금까지 예상하지 못했던 우수성을 발견하는 재미를 느꼈다고 말해주셨습니다. 마찬가지로 연구자들도 민간 부문과의 만남을 통해 다른 업무 방식과 문제 접근법을 배웠습니다. 그들이 스타트업을 만들거나 대기업과 협력해야 했을 때 기술 개발을 바라보는 다른 방법을 배웠습니다. 번뜩이는 영감에 의지하는 것보다는 보다 통제된, 그리고 규모 확장에 맞춰서 잘 계획하는 방식을 배웠습니다. 요컨대, 아마도 이 혁명은 무엇보다도 두 세계의 만남일 것입니다.

질문 2   프랑스는 잘 자리잡고 있는가? (프랑스의 경우)

프랑스는 우수한 공공 연구를 바탕으로 선두권에 있습니다. 특히 원자 및 중시계 물리학 분야에서 그렇습니다. 파리의 LKB Kastler-Brossel Laboratory, 사클레의 광학연구소, 프랑스 원자력청 CEA의 고체물리학 부서, 그레노블 지부를 중심으로 한 그레노블 클러스터 등 몇몇 유명 연구소가 이미 30년 넘게 이 분야를 선도해 왔습니다. 과학자들은 오늘날 양자 컴퓨터에 필수적인 여러 구성 요소를 발명했습니다. 예를 들어 초전도 큐비트 설계, 중성 원자 및 얽힌 광자 조작 등입니다. 또한 이후 전국으로 퍼져나간 젊은 연구원 세대를 양성하는 데에도 기여했습니다. 이렇게 양성된 세대가 분야 자체에 큰 영향을 주었지요. 컴퓨터 과학 이론 등 다른 커뮤니티들도 뒤처지지 않았습니다.

자금 지원도 간과되지 않았습니다. 포르테자 Forteza 보고서에 따라 2021년 대규모 양자 계획이 시작되었습니다. 정부는 향후 4년간 10억 유로 이상을 투자하겠다고 발표했고, 민간 부문에서도 5억 유로가 투자될 것입니다. 이 자금은 양자 센서, 컴퓨터, 시뮬레이터, 통신 등 4대 핵심 기술 개발에 동등하게 지원할 예정입니다.

민간 부문을 보면 몇몇 스타트업이 국제적으로 빛나고 있으며, 투자자들이 그들을 지원하기 위해 몰려들고 있습니다. 반면 국내 대기업들은 해외 경쟁사만큼 투자하지 않고 있습니다. 그들은 종종 자사 엔지니어에게 인턴십이나 공동지원 박사과정을 통해 가능성을 탐색하도록 합니다. 하지만 이는 구글이나 마이크로소프트의 수십억 달러 투자와는 비교가 되지 않습니다. 그럼에도 불구하고 대부분의 신호는 긍정적입니다. 프랑스 과학 커뮤니티는 국제 경쟁에서 좋은 위치를 점하고 있으며, 많은 예산을 지원받고 있습니다.

그러나 두 가지 큰 문제점, 매우 프랑스적이고 심각한 두 가지 결함이 있습니다. 첫째, 재정 지원 발표에도 불구하고 지나친 중앙 집중화로 인해 시스템에 제동이 걸리고 있습니다. 기관들이 공개되고 공정한 프로젝트 공모를 너무 사랑하는 탓에 예산 배분이 심각하게 지체되고 있습니다. 마크롱 대통령이 양자 계획을 발표한 지 1년이 넘었지만, 여전히 자금이 마련되지 않았거나 연구 팀에 아직 도달하지 않았습니다.

또한 자금 배분을 위해 필요한 수많은 위원회가 연구원들을 비합리적으로 동원시키고 있습니다. 예를 들어 독일에서는 예산이 보다 지역적으로 배분되며, 2~3명의 국제 전문가에게 각 팀에 얼마의 예산을 배정할지 결정하도록 요청합니다. 정치적 결정에서 실제 자금 사용까지 단 2개월밖에 걸리지 않습니다. 물론 이 과정은 민주적이지 않고 편애나 유명세 추구의 위험이 있지만, 훨씬 더 효율적입니다. 반면 프랑스는 경직된 행정과 칭찬할 만하지만 심할 때는 일을 마비시켜 버리는 공정성에 대한 고민에 시달리고 있습니다.

프랑스만의 두 번째 어려움은 물리학 분야에서 박사과정이 3년밖에 지속되지 않는다는 점입니다. 연구원들은 이 기간이 학생들을 제대로 훈련하고 양질의 연구를 수행하기에 너무 짧다고 판단합니다. 다른 나라와 비교하자면 독일에서는 4~5년, 미국에서는 6년 정도 입니다. 장학금 수도 너무 적습니다. 프랑스 출신 연구자로 경력 중반에 미국 예일 대학교로 자리를 옮긴 미셸 데보레Michel Devoret는 두 나라를 비교할 수 있는 좋은 위치에 있었습니다.

"미국 연구 시스템은 단지 학계 연구자를 양성하는 것뿐만 아니라 미국 기술 기업의 엔지니어도 양성합니다. 제 팀의 박사과정생들 절반이 산업체로 갑니다. 프랑스 시스템은 혹여라도 실업자가 나올것을 우려하는 경향이 있습니다. 박사학위 소지자들이 산업계에서 항상 환영받지는 못합니다."

따라서 3년 이상을 그들에게 요구한 뒤 불안정한 상황에 처하게 할 수는 없습니다. 산업체 일자리가 보장된다면 상황이 전혀 달라질 것입니다.

데보레는 그럼에도 불구하고 프랑스가 진정한 강점을 가지고 있다고 인정합니다. 바로 장기 연구를 가능케 하는 많은 정년제 연구 직위입니다. 특히 근본적인 기술 개발을 위해서 말입니다. 이 공무원 지위 덕분에 알랭 아스페 Alain Aspect 는 10년에 걸쳐 얽힘 상태를 증명할 수 있었고, 에스테브와 데보레 연구진은 10년에 걸쳐 최초의 초전도 큐비트를 설계할 수 있었습니다. 이것이 바로 장기간 연구의 강점입니다. 그러나 불행히도 최근 개혁으로 점점 정년 보장을 줄이는 쪽으로 가고 있습니다.[1]

지난 15년 동안 프랑스 정부는 공공 연구를 '미국식' 시스템으로 전환시켜 왔습니다. 그 과정에서 매우 적은 정년직과 최신 유행하는 연구 주제에 집중하게 하고 권위 있는 과학 잡지에 출간되는 것만을 쫓는 등 미국 시스템의 결점만 채택한 것 같습니다. 미국식 시스템의 장점인 보다 간소한 행정이라든지 민간 부문에서의 과학 박사학위를 높게 인정하는 등의 장점은 간과되었습니다.

'양자 붐'이 프랑스 연구 시스템의 강점과 약점을 보다 잘 파악하여 장기적으로 더 적절한 개혁을 유도하기를 기대합니다!

질문 3   양자 컴퓨터는 언제쯤 실현될까?

발표가 잇따르고 있지만 아직 유용한 양자 컴퓨터는 존재하지 않습니다. 양자 컴퓨터가 실제 이점을 가질 세 가지 주요 응용 분야, 즉 대형 분자 시뮬레이션, 비밀 코드 해독, 대규모 데이터베이스 정렬을 생각해 봅시다. 현재의 오류율로는 이런 계산을 수행하려면 기계에 100만 개의 큐비트가 필요할 것입니다. 그러나 오늘날 가장 강력한 프로토타입에는 100개의 큐비트밖에 탑재되어 있지 않습니다.

그렇다면 언제쯤 가능할까요? 양자 분야의 대가인 필리프 그랑지에Philippe Grangier가 이 질문을 받았을 때 학생에게 한 대답이 특히 인상적입니다.[2]

"그건 과학적 질문이 아니라 기자의 질문이에요. 과학자라면 오히려 어떻게 그곳에 도달할 수 있을지 묻겠지요."

따라서 저는 성급한 예측은 피하고 대신 기적의 기계를 만들 수 있는 가능한 길들을 말씀드리겠습니다.

첫 번째 길은 '거친' 방식입니다. 100만 개의 큐비트가 필요하다고요? 그렇다면 100만 개의 큐비트를 만듭시다. 구글이나 싸이퀀텀PsiQuantum 같은 업체들이 사실 2030년 이전에 그렇게 할 계획입니다.[3] 이들의 전략은 마이크로프로세서 산업의 노하우를 활용하는 것입니다. 전자부품 제작 기술을 사용하면 대량으로 양자 회로를 제작하고 규모를 확장할 수 있습니다. 이는 광자, 초전도체, 실리콘 기반 큐비트에 적용될 수 있습니다. 하지만 실리콘 칩에 단순히 패턴을 반복해 마이크로프로세서를 만드는 것과는 다릅니다. 두 가지 상반된 요인이 작용하고 있습니다. 큐비트 수를 늘리면 소음원과 오류도 불가피하게 증폭됩니다. 큐비트 수를 늘리면서도 제어 가능하고 성능이 좋은 큐비트를 유지하는 것은 거의 불가능한 과제입니다! 많은 물리학자들이 이를 믿지 않습니다. 하지만 그레노블의 양자 프로그램 책임자인 물리학자 모드 비네Maud Vinet 박사는 이런 회의론에 의문을 제기합니다.

"결코 작동하지 않을 거라고 단정 짓는 사람들이 불편합니다. 고도로 능력 있는 과학자라면 과학기술의 역사를 돌아보고 얼마나 많은 사람들이 이런 말을 했고 결국 틀렸음이 밝혀졌는지 알아야 합니다. 물리학자들은 기술과 공학 커뮤니티의 창의성과 끈기를 반드시 인식하지는 못할 수 있습니다. 이것이 단순히 물리학의 문제라고 보는 것은 다소 협소한 생각일 수 있습니다. 서로 다른 커뮤니티의 역량을 결집하면 우리는 이 주제를 진전시킬 수 있는 힘이 있습니다."

어쨌든 모두가 동의하는 것은 이 전략의 성공 여부가 물리학과 공학 두 분야가 교차하는 지점에서 결정될 것이라는 점입니다.

두 번째 접근법은 꼼꼼하게 하는 방식입니다. 큐비트 수를 무작정 늘리기보다는 오류 수정을 피하기 위해 큐비트 품질을 개선하는 데 중점을 둡니다. 실험에 방해가 되는 모든 요인을 극적으로 줄여야 합니다. 제 생각에 10배나 100배 개선은 가능할지 모르지만, 실용적인 컴퓨터에 필요한 10,000배라는 목표는 매우 과대한 포부라고 봅니다. 하지만 결국 안 해볼 이유는 없죠.

세 번째 길은 획기적인 아이디어에 베팅하는 것입니다. 1980년대 이후 많은 발견으로 오류 수정 코드 등 결코 넘을 수 없을 것 같았던 장애물을 우회할 수 있게 되었습니다. 이 연구에 참여한 연구자들의 수와 수준을 볼 때 전례 없는 개념적 돌파구가 상황을 해결해 줄 수도 있습니다.

따라서 새로운 종류의 훨씬 더 성능이 좋은 큐비트가 나올 수 있고, 모든 문제를 해결할 수도 있습니다. 스스로를 모든 오류로부터 보호하는 위상 큐비트가 그런 기적의 후보 중 하나일 수 있을까요? 지금까지 설득력 있는 위상 큐비트는 하나도 만들어지지 않았습니다. 천재적인 연구자가 나타나 오류를 더 효율적으로 수정하는 새로운 방법을 고안해 낼 수도 있습니다.

마지막으로 여러 기술을 결합한 하이브리드 설계가 만병통치약이 될 수도 있습니다. 잘 제어되는 작은 양자 컴퓨터들을 광자로 연결해 규모의 영향을 받지 않고 연산 능력을 높일 수 있습니다.

확실한 것은 이런 해결책들이 매우 단기간에 나오지는 않을 것이라는 점입니다. 과거를 돌아보면 아이디어가 산업화되기까지 10년에서 20년의 작업 기간이 필요했습니다. 그러므로 제대로 된 양자 컴퓨터가 최소 10년 이내에 등장하리라고는 기대되지 않습니다. 하지만 많은 발표에서 머지않아 성배와 같은 기술을 약속하고 있습니다. 우리가 이 책에서 자주 만났던 최고 물리학자 중 한 명인 앙투안 브로와예Antoine Browaeys 박사도 이를 솔직히 인정합니다.

"기대가 과열되는 현상이 있는데 그 수준이 점점 더 터무니없어지고 있습니다. 단지 금전적 이해관계나 투자 금액만 봐도 그렇죠. 저는 응용 분야에 대해선 믿습니다. 우리가 진지한 무언가를 해낼 수 있을 것이라고 생각합니다. 하지만 제가 불편한 것은 기술이 이미 도래했다는 믿음입니다. 우리는 시간 척도에 대해 오판하고 있습니다."

질문 4 이 혁명이 실제로 이뤄낼 것은 무엇일까?

컴퓨터가 모든 의문을 모으고 있습니다. 하지만 그에만 집중하는 것은 오류일 수 있습니다. 예를 들어 상식적인 알고리즘을 포기하고 시뮬레이터를 선택한다면 오류는 더 이상 치명적이지 않습니다. 브로와예가 개발한 중성 원자 시뮬레이터처럼 이러한 방법은 이미 물리학자들에게 유용한 주목할 만한 결과를 내놓고 있습니다. 겉보기에는 별로 야심 차

보이지 않지만, 단기적으로는 이 길이 훨씬 더 유망할 수 있습니다.

현재 진행 중인 혁명은 알아주지 못했지만 관심을 기울일 만한 다른 기술들도 탄생시켰습니다. 원자 시계처럼 오래전부터 상용화된 것도 있고, 중력이나 운동을 측정하는 양자 간섭계처럼 아직 개발 중이지만 이미 현장에서 사용되는 것도 있습니다. 당연히 대중적인 응용 분야는 아니지만, 지질학이나 관성 항법 등 여러 분야를 혁신시킬 수 있습니다. 센서 분야에서는 NV⁻ 센터 다이아몬드도 밝은 앞날이 예상됩니다. 필요에 따라 온도계, 자력계, 분광계로 활용될 수 있으며, 이미 생물학 분야에서 사용되고 있습니다. 나노미터 스케일로 소형화가 가능하며 매우 성능이 뛰어납니다. 보쉬Bosch 사는 이것을 심지어 자동차 산업에 적용하는 것까지 고려하고 있습니다. 이러한 새로운 탐지기들이 결국 양자 분야에서 가장 큰 몫을 차지할 수 있습니다.

통신 분야의 상황은 그리 분명하지 않습니다. 양자 암호화의 용도는 실제 필요성보다는 과시용에 가깝습니다. 물론 완전히 안전한 인터넷은 정말 환상적이겠지만, 100 km마다 양자 중계기가 필요해 실제 네트워크가 진짜 어지러운 '가스 공장'이 될 위험이 있습니다. 게다가 보안이 완벽하다고 알려진 이런 시스템조차도 보안 취약점이 많이 존재합니다. 반대로 보안 측면에서 양자 컴퓨터는 현재의 암호화를 해독하고 암호 통신을 위협할 수 있습니다. 하지만 그것은 너무 먼 미래의 일입니다. 더구나 새로운 차세대 양자 암호화 솔루션이 이미 준비되어 배포를 기다리고 있습니다. 따라서 위협은 상대적이며, 양자 인터넷 옹호론자의 의견만큼 우리에게 당장 필수적인 것은 아닙니다.

장거리 얽힘 응용은 오히려 예상치 못한 곳, 특히 영상 분야에서 이뤄질 것입니다. 앞서 설명했듯이 얽힌 광자를 이용하면 입체 사진 촬영, 보이지 않는 구석 촬영, 레이더나 망원경 개선 등이 가능해집니다. 양자 인터넷은 결국 혁명적인 카메라 기기를 탄생시킬지도 모릅니다!

마지막으로 사람들이 생각하지 못하는 또 다른 응용 분야가 있습니다. 미셸 데보레Michel Devoert는 이를 '테스트 모형'이라고 부릅니다. 항공의 초기에는 전문 격납고에서 큰 바람 터널을 이용해 항공기 주위의 기류를 이해했습니다. 이를 통해 효율적인 컴퓨터 시뮬레이션을 개발할 수 있었고, 이것이 곧 거대한 바람 터널을 대체하게 되었습니다. 마찬가지로 양자 컴퓨터가 이런 테스트 격납고 역할을 할 수 있습니다. 양자 현상을 '실제로' 테스트해서 고전 컴퓨터로 더 잘 시뮬레이션할 수 있게 해줄 것입니다.

결국 양자 컴퓨터는 물리학자들을 위한 일종의 모래 놀이터가 되어 양자역학을 더 잘 이해할 수 있게 해줄 것입니다. 그러면 물리학자들은 배운 내용을 활용해 새로운 분자, 우수한 재료 등 다른 응용 분야에 적용할 수 있습니다. 실제로 이미 몇몇 연구자들이 양자 특성에서 영감을 얻어 성능이 더 좋은 전통적인 컴퓨터 프로그램을 설계하고 있습니다.[4] 이런 '양자에서 영감을 얻은' 접근법은 확실히 큰 잠재력이 있습니다.

마지막 메시지

몇 년 후에 이 장을 다시 읽게 되면 어떨까 걱정이 됩니다. 제 예측이 완전히 빗나가게 될까요? 양자 열풍이 가라앉게 될까요? 아니면 반대로 100만 개 큐비트로 된 기적의 컴퓨터가 발견되어 모든 약속을 지키게 될까요? 저를 안심시켜 줄 수 있는 것은 한 가지 확실한 사실입니다. 제가 상담한 전문가의 수 만큼이나 다양한 예측을 들었다는 것입니다. 미래를 예측하는 일은 너무 어렵고, 이렇게 특이한 분야에서는 더욱 그렇습니다.

적어도 우리 모두, 저 또한 한 가지 점에서는 의견이 일치합니다. 이 주제는 매력적입니다. 과학적으로 영감을 줍니다. 기술적으로 유망합니다. 기초 연구와 응용 연구를 근본적으로 새로운 방식으로 연계합니다. 저는 모든 분들, 특히 이과 학생들에게 이 새로운 분야를 단순한 호기심이라도 가지고 접해보길 권합니다. 하지만 이상적인 모습만을 보여드리고 싶지는 않습니다.

양자역학이 모든 것을 해결해 주지는 않을 것입니다.
양자역학이 에너지 문제를 해결하지 않을 것입니다.
양자역학이 인구과잉 문제를 해결하지 않을 것입니다.
양자역학이 빈곤 문제를 해결하지 않을 것입니다.
양자역학이 생물다양성 위기를 해결하지 않을 것입니다.
양자역학이 기후위기를 해결하지 않을 것입니다.

양자역학을 있는 그대로, 과학적이면서도 시적인 세계관으로 받아들여야 합니다. 그 법칙 하나하나가 우리의 직관을 정면으로 반박합니다. 그것은 우리에게 이상하고 보이지 않는 우주를 만져볼 수 있는 기회를 줍니다.

마지막으로, 아마도 가장 중요한 부분을 잊어서는 안 됩니다. 바로 인간적인 측면입니다. 이 새로운 혁명은 무엇보다 때로는 예기치 않은, 그러나 항상 풍부한 만남입니다. 양자역학 대중화 작업을 하면서 저는 멋진 분들을 만났습니다. 열정적인 과학자들뿐만 아니라 호기심 많은 애호가, 초보자, 그저 우리를 둘러싼 우주에 대해 조금이라도 더 알고 싶어 하는 분들, 독자 여러분과 같은 분들을 만날 수 있었습니다. 물리학자 그레임 스미스Graeme Smith가 다음과 같이 잘 요약했습니다.

"아마도 양자역학의 진정한 응용 분야는 우리가 이 길에서 만난 모든 친구들일지도 모릅니다."

▶ 감사의 말

이 책을 위해 여러 분야의 많은 관계자들과 대화할 기회를 가졌습니다. 시간을 내주신 모든 분들께 진심으로 감사드립니다.

특히 장시간 인터뷰에 응해주신 다음 분들께 감사드립니다. 리디아 바릴Lydia Baril(Microsoft Quantum 선임 프로그램 매니저), 앙투안 브로와예Antoine Browaeys(LCF 연구소장, 광학연구소), 다비드 클레망David Clément(LCF 교수-연구원, 광학연구소), 미셸 데보레Michel Devoret(미국 예일대 교수), 올리비에 에즈라티Olivier Ezratty(컨설턴트-저자), 패니 부통Fanny Bouton(OVH 양자 홍보대사), 장-프랑수아 로슈Jean-François Roch(파리-사클레 ENS 교수), 멜리사 로시Mélissa Rossi(ANSSI 암호학자), 파스칼 세넬라르Pascale Senellart(C2N 연구소장, CNRS), 크리스토프 살로몽Christophe Salomon(LKB 연구소장, CNRS), 모드 비네Maud Vinet(CEA-Leti 양자 프로그램 디렉터).

대중 강연, 파리-사클레Paris-Saclay 과학학부 및 빌르봉-조르주 샤르팍l'Institut Villebon-Georges Charpak 연구소 강의, 고등학교 특강, 최근 기업체 강의에서 질문과 피드백을 주신 모든 청중께 감사드립니다. 또한 인터넷에서 저를 팔로우 해주신 분들께도 감사드립니다 — 제가 경험한 바로는 온라인상에서 상상 이상으로 더 열정적이고 친절한 대화가 오갑니다. 특히 2020년 코로나 봉쇄 기간에 집에서 진행한 '내 주방의 양자역학 La quantique dans ma cuisine' 같은 강연에서 그랬습니다. 최근에는 틱톡이나 인스타그램에서도 많은 소통을 하고 있습니다.

항상 적절하고 통찰력 있는 조언을 해주신 편집자 크리스티안 쿠니용 Christian Counillon 님께 감사드립니다. 바로 이분이 처음 저술을 권유하셨고 모든 과정을 함께해 주셨습니다. 또한 그림과 타이포그래피가 만났을 때 아름다운 효과를 내주신 이 책의 일러스트레이터 오세안 주뱅 Océane Juvin 님께도 감사드립니다.

마지막으로 다양한 방식으로 저에게 영감을 주신 '색다른 물리학 La Physique Autrement' 팀의 모든 분들께 감사드립니다. 특히 탁월한 디자이너이자 독창적인 질문들로 항상 중요한 통찰을 제공해 주신 루-앙드레아스 에티엔느 Lou-Andreas Etienne, 그리고 제 오랜 파트너인 프레데릭 부케 Frédéric Bouquet 님께 감사의 말을 전하고 싶습니다.

주석

프롤로그: 두 번째 혁명?

1. John Preskill의 《Quantum computing in the NISQ era and beyond》, *Quantum* 2 (2018): 79에서 발췌.

1 원자를 보다

1. 폴(Paul) 트랩은 이제 다양한 기하학적 구조와 원리를 가진 트랩 계열의 일부가 되었습니다. 유명한 트랩 중 하나인 펜닝(Penning) 트랩은 전기장 외에도 자기장을 추가로 사용합니다.
2. 이온이 아닌 중성 원자에 대해 같은 아이디어가 T. W. Hänsch와 A. L. Schawlow에 의해 제안되었습니다.
3. 도플러 냉각은 운동량 보존 원리에 기반합니다. 원자가 광자를 흡수하면 여기되고 레이저 광선 방향으로 운동량을 전달받아 반대 방향으로 후퇴합니다. 그 후 원자는 비활성화되어 광자를 방출하고 다시 반대 방향의 힘을 받습니다. 다만 이번에는 무작위한 방향이죠. 많은 원자들의 평균을 취하면 무작위한 방향들은 서로 상쇄되어 최초의 레이저에 의한 반대 방향의 후퇴 효과만 남게 됩니다. 이 효과는 원자의 속도와 관련이 있습니다. 원자가 레이저 광선을 향해 진행할 때 꿀 속을 걷는 듯한 점성 저항력을 받게 되며, 이 힘은 중력의 수만 배에 달할 수 있습니다.

2 지금 몇 시죠?

1. 우리 행성의 위치를 알리기 위해서는 반드시 필요한 일이었습니다. 이를 위해 은하계 구석구석에 있는 14개의 펄사(Pulsar, 맥동전파원, 천체)가 지속적으로 보내는 신호의 형태와 주기를 외계인에게 알려줍니다. 그러면 외계인들이 그 정보로 우리의 위치를

2. 진공 상태에서 에너지 E, 주기 T, 파장 λ 사이의 관계는 매우 단순합니다. E = hv = h/T = hc/λ로, 여기서 c는 빛의 속도, h는 플랑크 상수입니다. 파동 현상이 더 빨리 반복될수록 주기는 짧아지고 주파수와 에너지는 높아집니다.

3. 원자를 들뜨게 하려면 여전히 전자기파를 사용하지만 세슘 원자의 경우에는 마이크로파 영역(역자주: 300 MHz에서 300 GHz)에 있습니다. 그래서 이런 원자 시계에서는 레이저 광선 대신 마이크로파 공동(cavity)을 사용합니다. (역자주: 마이크로파는 전체 전자기파 스펙트럼의 일부입니다. 가시광선은 수백 THz의 더 높은 주파수를 가집니다.)

4. 이 측정 원리는 1952년 노먼 램지(Norman Ramsey)가 발명했으며, 3장에서 더 자세히 설명하겠습니다.

5. 쿼츠 시계는 크기를 맞춰 제작한 작은 수정 결정 덕분에 작동합니다. 반투명한 이 돌은 압전 특성이 있어 갑자기 전류를 가하면 고유 진동수로 진동하기 시작합니다. 이 고유 진동수는 결정의 크기와 상관이 있죠. 수정 결정은 같은 진동수의 진동하는 전기장을 만들고, 시계용 수정체는 초당 32,768회 진동하여 같은 진동수의 전류를 만들어 냅니다. 이 전류가 초를 셀 수 있게 해주어 결국 시간을 표시할 수 있습니다.

6. 세슘 원자 시계를 광학 원자 시계로 대체하여 초를 재정의하려면 시간이 필요합니다. 새롭게 사용할 원자를 정하고 그 측정 방식에 합의하고 이전보다 최소 100배 이상 정밀한 결과를 수월하게 얻을 수 있어야 합니다. 이는 중대한 과제이므로 이러한 변화가 결정되기까지는 시간이 더 걸릴 것입니다.

7. 삼각 측량으로 위치를 찾으려면 각 위성의 주변에 구를 그립니다. 이때 구의 중심은 각 위성, 구의 반지름은 위성과 스마트폰 사이의 거리입니다. 이러한 세 구를 상정하면 스마트폰은 이 세 구가 교차하는 유일한 지점에 위치하게 됩니다.

8. 이러한 편향을 '중력에 의한 적색 편이'라고 합니다. 모든 중력장은 주파수를 낮춥니다. 예를 들어 푸른 빛이라면 적색 쪽으로 변화하게 되므로 이런 이름이 붙었습니다.

9. 일반 상대성 이론과 양자물리학은 아직 하나의 이론적 체계로 통합되지 않았습니다 (3장 참조). 따라서 상대론적 시간 팽창을 원자 시계로 측정하는 것은 두 이론을 모두 동원하므로 실패할 것이라 추측할 수 있습니다. 그러나 실제로는 양자물리학이 단지 원자 들뜸 상태를 측정하는 데만 사용되고, 상대성 이론은 미터나 센티미터 수준에서

시간 경과에 적용됩니다. 따라서 각 이론이 적용 범위 내에서 잘 작동하므로 관측 결과를 설명하기 위해 굳이 두 이론을 통합할 필요는 없습니다. 결국 여기서 양자역학은 측정 도구일 뿐입니다.

10. 엄밀히 말하면 '중력'이란 두 물체 사이의 인력을 일컫는 용어입니다. 지구에 의한 중력은 보다 구체적으로 지구가 지표면의 물체(예: 사람)에 미치는 영향을 가리킵니다. 따라서 정확하게 표현하자면 '지구 중력'이라고 부르는 것이 더 좋습니다.

11. 참고로 위성의 경우 (역자주: 지구에서 멀어 지구 중력의 영향이 작아) 중력에 의한 시간 변화가 약하더라도 대신 속도에 따른 다른 효과를 고려해야 합니다. 사실 특수 상대성 이론에 따르면 지구와 비교하여 움직이는 위성에서는 시간이 다르게 흐른다고 예측합니다. 이 효과는 이미 GPS나 갈릴레오 같은 위성 항법 시스템 설정에 반영되어 있습니다.

3 에트나 화산 꼭대기의 원자

1. 이런 방법들을 찾아보고 www.vulgarisation.fr에서 "Smartphone Physics Challenge"를 검색하여 직접 방법을 제안해 보세요! (역자주: 해당 링크는 https://hebergement.universite-paris-saclay.fr/supraconductivite/smartphone-physics-challenge/?lang=en으로 변경된 것으로 보입니다.)

2. 원자 간섭계를 잘 구현하려면 필수 조건이 있는데, 바로 원자들이 서로 간에 결이 맞아야 합니다. 이는 원자들의 파동이 전체 여행 동안 잘 정렬되고 동기화되어야 한다는 뜻입니다. 그렇지 않으면 간섭 무늬가 흐려집니다. 이 조건은 최근 몇 년간 레이저를 이용한 원자 냉각 기술이 크게 발전하면서 만족할 수 있게 되었습니다. 그래서 원자 간섭계 기술은 매우 최근에야 실현되었습니다.

3. 엄밀히 말하면 원자의 파동 함수가 두 장소에 존재하게 되는 것입니다. 이동 과정 중에 측정하면 파동은 갑자기 두 지점 중 한 곳으로 축소됩니다. 그렇지만 원자가 이런 기이한 현상을 겪지 않는다면 원자 분수는 작동하지 않을 것입니다.

4. 기술적으로 광학 간섭계는 반거울(역자주: 일부를 투과하고 일부를 반사하는 특수한 거울)로 파동을 나누고 일반 거울로 반사시킵니다. 여기서는 이 두 가지 거울 역할을 $\pi/2$와 π 레이저 펄스가 대신하여 원자 상태를 반전 또는 재결합시킬 수 있는 딱 적절한 시간 동안 쏘아지게 됩니다.

5. 양자 중력계는 일반적으로 스마트폰에서 찾을 수 있는 양자적이지 않은 작은 일반적인 중력계의 네트워크와 연계되어 정밀한 중력 및 중력 변화 지도를 재구성합니다. 변화 감지 모드로 사용하면 중력 변화를 측정할 수 있습니다.
6. 기존 기계식 가속도계와 양자 가속도계를 결합하는 아이디어입니다. 양자 가속도계가 절대적인 가속도와 회전을 측정하여 기계식 가속도계가 만든 데이터를 보정합니다. 일종의 시스템 캘리브레이션(교정) 역할을 하는 셈입니다.
7. 지금까지는 간섭 측정만 언급했지만 다양한 방법이 존재합니다. 예를 들어 현재 가장 정밀한 측정은 MICROSCOPE 위성(역자주: 프랑스 국립우주연구센터 CNES와 Airbus가 협작한 위성으로 자유낙하 법칙을 정밀하게 테스트 하는 미션을 수행)에서 수행 중인 실험일 것입니다. 이 실험 또한 아직까지 위반 사례를 발견하지 못했습니다.
8. *Representing and Intervening*(Cambridge University Press, 1983), p.263에서 발췌.

4 다이아몬드는 영원하다

1. N은 질소(nitrogen), V는 빈자리(vacancy)를 뜻합니다.
2. NV^- 표현의 -는 결함 중심에 전자가 하나 잡혀 있다는 뜻으로, 결함 중심 자체도 또 다른 전자를 가지고 있습니다. 결국 NV^-에는 전자 2개가 있습니다.
3. 이 결함의 전체 스핀 0, +1, -1 값은 사실 단순화된 표기법입니다. 해당 자기 모멘트를 구하려면 스핀에 전자 전하를 곱하고, 플랑크 상수 h를 곱하고, 전자 질량으로 나눈 후, 4π로 나누어야 합니다.
4. 공초점(Confocal) 현미경은 표면의 형광 물체를 찾는 데 최적화된 광학 현미경입니다. 레이저로 관찰 표면을 조명하고 여과기 세트로 형광 부분을 선택합니다. 마지막으로 렌즈와 조리개 시스템으로 표면의 특정 부분, 작은 점을 선택합니다. 이를 스캔하면 높은 민감도로 전체 이미지를 얻을 수 있습니다.
5. 라흐트루프(Wrachtrup) 팀이 2007년에 제안한 초기 버전에서는 다이아몬드가 현미경 탐침에 부착되었던 것은 아니었습니다. 이 연구에서는 탐침과 공명을 사용하면 NV^- 중심의 스핀 응답을 측정할 수 있음을 보여주었습니다.
6. NV^- 센터는 바닥 상태에서 스핀이 0이어서 자성이 없습니다. 여기 상태에서는 스핀이 +1 또는 -1이 됩니다. 그러나 자기장 안에 있으면 -1 준위는 바닥 상태에 가까워지고

+1 준위는 멀어지는 제만(Zeeman) 효과가 나타납니다. 이 변화 정도는 자기장의 세기에 비례하므로 이를 이용해서 자기장을 측정할 수 있게 해줍니다.

5 양자 컴퓨터를 그려보세요

1. Serge Haroche와 Jean-Michel Raimond의 "Quantum Computing: Dream or Nightmare?", *Phys. Today* 49 (8), 51 (1996)에서 발췌.
2. 2021년 4월 Fanny Bouton, Olivier Ezratty, Richard Menneveux가 제작한 "Decode Quantum" 팟캐스트에서 발췌.

6 보편적인 기계

1. 이터븀 이온의 예를 들어 실제로 어떻게 작동하는지 살펴봅시다. 중첩 상태를 만들기 위해 파장 355 nm 근처의 자외선 레이저 펄스 2개로 이온을 조사합니다. 이 두 펄스의 파장은 미세하게 다른데 그 차이가 파장 값의 100만분의 1 정도입니다. 이 차이가 이터븀 스핀 0과 1 준위 차이에 정확히 맞아떨어집니다. 첫 번째 레이저가 이온을 0 준위에서 가상의 매우 높은 준위로 들뜨게 한 다음, 두 번째 레이저가 이온을 1 준위로 내립니다. 이 '2광자 자극 라만 전이(2-photon Stimulated Raman Transitions)' 방식으로 레이저 펄스 지속 시간을 조정하여 0과 1 사이의 중첩 상태를 원하는 대로 만들 수 있습니다.
2. 사실 멀리 떨어진 이온 간 쌍극자 상호작용은 개별 이온의 미세 변위를 통해서가 아니라 '포논(phonon)'이라 불리는 이온 진동을 매개로 이루어집니다. 쿨롱 상호작용을 통해 이온들은 진동 모드를 공유하며, 레이저가 이 진동 모드를 결합시킵니다. 이렇게 두 이온이 마치 함께 진동하며 얽힌 상태가 됩니다.

7 양자 우월성

1. 존 프레스킬(John Preskill)이 만든 '양자 우월성'이란 용어는 그 사용이 점점 지양되고 있습니다. 어감에서 '(백인) 우월주의' 같은 단어를 연상시키기 때문이죠. 지금은 '양자 이득(Quantum Advantage)'이라는 용어를 더 선호합니다. 구글 논문이 나온 당시에는

아직 양자 우월성이 더 알려진 명칭이기는 했지요.

2. 국제단위 정의를 위해 국제도량형국(BIPM)은 최근 기준 물체 대신 보편적 측정에 기초하기로 결정했습니다. 예를 들어 킬로그램은 진짜 1 kg 기준 물체와 비교하는 대신 키블저울(Kibble Scale)이라는 독특한 저울로 측정합니다. 이 장치는 조셉슨(Josephson) 효과를 활용하여 저울을 통과하는 전류를 측정합니다. 이를 통해 알려지지 않은 질량의 무게를 절대적인 값을 아는 자기장에 의한 힘으로 평형 상태를 이루게 할 수 있습니다. 즉 다른 질량과 비교하지 않고도 양자 법칙을 통해 질량을 결정할 수 있습니다.

3. 이 조셉슨 전기회로에서 에너지 준위 차이는 약 10 GHz, 즉 몇십분의 1 켈빈(Kelvin) 정도입니다. 따라서 온도가 0.1 K에 도달하면 자발적인 에너지 여기가 일어나 회로가 저절로 높은 에너지 준위로 올라가게 되고, 이러한 현상은 통제 불가능한 것입니다. 즉 이 온도에서는 이 기계는 쓸모없어집니다. 이런 이유로 0.1 K 이하로 냉각해야 합니다.

4. 큐비트를 구현하기 위해 필요한 이런 에너지 준위 차이는 자연계 원자에서는 저절로 만족됩니다. 수소 원자와 같은 원자의 에너지 준위는 $1/n^2$에 비례하므로 에너지가 높아질수록 준위 간 간격이 좁아집니다.

5. 엄밀히 말하면 이 설명은 쿠퍼 쌍 상자(Cooper Pair Box)에 적용되며, 트랜스몬(Transmon)의 경우 메커니즘이 좀 더 복잡합니다.

6. 이 논문 발표 후 논쟁이 있었고, 프랑스 과학자 자비에 와인탈(Xavier Waintal) 등 몇몇 연구자들이 결국 며칠 또는 몇 시간 만에 같은 계산을 고전 슈퍼 컴퓨터로 수행할 방법을 찾았습니다. 그래도 시카모어(Sycamore)의 성능은 여전히 주목할 만합니다.

8 양자 음악 악보

1. 이 챕터를 읽으면서 https://youtu.be/8Itz5TqjeQ0에서 이 콘서트를 듣기를 권합니다.

2. "Quantum Computational Supremacy and its Applications"라는 강연의 발췌문, 하버드 대학(2020). (역자주: Scott Aaronson의 발표 자료는 그의 홈페이지인 https://www.scottaaronson.com/talks/에서 찾을 수 있습니다.)

3. 2차원 디스크 대신 3차원 구체가 필요한 이유는 중첩 상태인 큐비트가 $a|0> + b|1>$로 표현될 때 a와 b가 0과 1 사이의 숫자가 아니라 복소수이기 때문입니다. 따라서 큐

비트 자체가 위상과 진폭을 갖는 복소수이며 구의 점 또는 구 중심에서 그 점을 가리키는 벡터로 표현될 수 있습니다.

4. 이 간섭을 보장하기 위해서는 실제로 하다마드 게이트(Hadamard Gate)를 다시 적용하고 알고리즘이 가역적일 수 있도록 보조 큐비트를 사용해야 합니다. 최종 '배선'은 하다마드 게이트 다음에 상자가 오는 것보다 약간 더 미묘하지만 근본적으로는 크게 다르지 않습니다.

5. https://quantumalgorithmzoo.org/를 참고하세요.

6. https://qiskit.org/textbook/ch-algorithms/를 참고하세요.

7. 고전 컴퓨터가 N^p 연산을 수행할 때 양자 컴퓨터가 N 연산만 수행하면 되는 경우 양자 이점은 '다항식'의 경향을 따릅니다. 따라서 2차식도 이 범주에 포함됩니다.

9 양자 스파이

1. RSA 암호화에서는 두 큰 소수 p와 q의 곱인 N의 값만 주어졌을 때 어떠한 p와 q를 곱해야 N이 되는지 거꾸로 역추산하는 것이 매우 어렵다는 사실을 이용합니다. 방법은 다음과 같습니다. 앨리스가 밥으로부터 암호화된 메시지를 받고 싶습니다. 앨리스는 먼저 N = p × q를 만듭니다. 그런 다음 (p-1)(q-1)과 e의 최대공약수가 1이 되는 수 e를 찾습니다. 또한 e와 d의 곱을 (p-1)(q-1)로 나눈 나머지가 1이 되는 수 d를 찾습니다. 이제 앨리스는 N과 e를 밥에게 보냅니다. 밥은 임의의 정수인 그의 메시지를 e제곱한 후 N으로 나누고 그 나머지를 앨리스에게 보냅니다. 앨리스가 그 수를 d제곱하고 N으로 나누면 그 나머지가 밥의 메시지입니다. 스파이가 p와 q를 모르면 d를 찾을 수 없어 밥의 메시지를 해독하기가 매우 어렵습니다.

2. 큰 정수 N이 두 소수 A와 B의 곱으로 만들어졌습니다. N을 알고 있을 때 A와 B를 찾는 방법을 쇼어(Shor) 알고리즘이 제안합니다. (15를 알고 있을 때 5와 3을 찾는 방법을 생각하면 됩니다.)

　1. N보다 작고 N을 나누지 않는 m 숫자를 선택합니다.

　2. m의 거듭제곱을 수열로 나타내고 각 수열의 항을 N으로 나눈 나머지를 새로운 순열로 만듭니다. 그리고 나머지 순열의 주기 P를 찾습니다.

　3. A는 N과 $m^{P/2} - 1$의 최대공약수입니다. B는 N과 $m^{P/2} + 1$의 최대공약수입니다.

유클리드가 고안한 방법으로 이 연산을 수행할 수 있습니다.

N=35일 때 A와 B를 찾는 예시입니다.

첫째 단계, 35보다 작은 8을 선택합니다. 둘째 단계, 8의 거듭제곱을 찾아봅시다. 8, 8^2=64, 8^3=512, 8^4=4096, 8^5=32768, 8^6=262144…. 이제 이를 35로 나눈 나머지로 변환합니다. 8은 그대로 8이고 64는 29가 되는 식이지요. 자, 이 나머지 순열은 8, 29, 22, 1, 8, 29, 22, 1, 8, 29…로 순열이 4번마다 반복되는 것을 알 수 있습니다. 이 4가 주기 P입니다. 마지막 단계, A는 35와 $8^{4/2}$ - 1 = 63의 최대공약수인 7입니다. B는 35와 $8^{4/2}$ + 1 = 65의 최대공약수인 5입니다. 따라서 35 = 7 × 5를 찾았습니다.

3. 이러한 코드들이 양자 공격으로 절대 깨지지 않을 것이라고 단정지을 수는 없습니다. 그러나 이러한 문제들은 매우 높은 복잡도 등급에 속하며, 양자 컴퓨터로도 공격이 사실상 불가능할 것으로 간주될 수 있습니다.

4. 실제로 ANSSI는 현재 RSA 타입의 코드와 새로운 코드를 모두 보존하는 '하이브리드' 모드를 권장합니다. 이를 통해 검증된 강력한 암호화를 유지하면서 미래의 잠재적 양자 공격에 대비할 수 있는 차세대 양자 보안 요소를 추가할 수 있습니다.

10 버그들

1. 이 이야기는 부분적으로 WNYC 팟캐스트 라디오랩(Radiolab)의 '비트플립(Bit Flip)' 에피소드에 기반하고 있습니다. https://radiolab.org/podcast/bit-flip 참조.

2. 사실 2진수로는 모든 숫자를 2의 제곱의 합으로 표현할 수 있습니다. 2^0, 2^1, 2^2, 2^3…. 예를 들어 101은 $1×2^2+0×2^1+1×2^0$, 즉 5입니다. 이 2진법에서 4096은 1000000000000로 표시되며, 따라서 뒤에서부터 12개 비트는 0이고, 마지막 13번째 비트는 1입니다.

11장 빛이 있으라!

1. 이 영화는 www.youtube.com/watch?v=LqRZSmE110E에서 볼 수 있습니다.

2. 큐비트는 광자의 다른 많은 특성, 즉 경로, 에너지, 광자 수, 각 운동량 등을 통해 코딩될 수 있습니다. 하지만 대부분의 경우 조작하기 쉬운 편광을 선택합니다.

3. 구글의 시카모어(Sycamore)와 같이(7장 참조) 중국 컴퓨터는 아무것도 계산하지 않

고 단지 작동하며 그 과정을 관찰합니다. 더 정확히는 광자들이 여러 간섭계로 이루어진 회로에 보내집니다. 광자는 간섭 방식에 따라 여러 가능한 경로를 통과할 수 있습니다. 검출기는 마지막에 광자가 도착한 위치를 발견하고 통과한 경로의 통계를 작성하는데, 이를 '보손 샘플링(Boson Sampling)'이라고 합니다. 이러한 순수하게 양자역학적인 통계를 일반 컴퓨터로 계산하려면 엄청난 시간이 걸립니다.

4. 2 큐비트 게이트를 얻기 위해서는 이미 설명한 Hong, Ou 및 Mandel의 장치를 사용합니다. 2개의 동일한 광자가 서로 얽혀 2개의 가능한 방향 중 하나로 완전히 무작위로 함께 나옵니다. 이 확률적 성격이 아키텍처 설계에 문제가 됩니다.

12 아웃사이더들

1. 같은 증상이 초전도 큐비트에도 영향을 미치는데, 초전도 큐비트는 금속 박막에 모양을 새겨 만들기 때문에 서로 완벽하게 동일할 수 없습니다. 반면 이온, 원자 또는 광자를 사용하는 큐비트는 본질적으로 모두 완벽하게 동일하므로 이러한 현상이 없습니다.

13 원자로 조각한 모나리자

1. 자기-광사 트랩이 어떻게 작동하는지 이해하기 위해 1차원으로 생각해 봅시다. 서로 반대 방향에서 오는 두 레이저에 의해 갇힌 원자를 생각해 봅시다. 이 원자의 왼쪽에서는 자기장이 왼쪽을 향하고, 오른쪽에서는 오른쪽을 향합니다. 자기장의 강도는 원자의 위치에서 0이고, 바깥을 향할수록 선형적으로 증가합니다(아래 그림 참고).

이를 위해 반대 방향으로 감겨 있는 헬름홀츠 코일 2개만 있으면 됩니다. 두 레이저는 서로 반대 방향의 원형 편광을 갖고 있으며, 도플러 효과를 위해 원자의 공명 주파수와 약간 어긋납니다. 트랩 중앙에서는 자기장이 없어 두 레이저가 완벽히 상쇄되므로 아무 일도 일어나지 않습니다. 반대로 원자가 오른쪽으로 가면 스핀 때문에 에너지 준위가 3개의 구분되는 준위로 나뉩니다. 이것이 제만(Zeemann) 효과입니다. 오른쪽에서 오는 레이저가 왼쪽에서 오는 레이저보다 원자와 더 잘 공명합니다. 따라서 원자는 두 레이저의 복사 압력에 의한 힘을 받지만 오른쪽 레이저가 압도적입니다. 결과적으로 원자는 왼쪽으로 밀려납니다. 원자가 왼쪽으로 가면 반대 효과가 일어납니다. 마지막으로 원자가 트랩 중심에서 멀어질수록 자기장이 더 강해져 이 효과가 강해집니다.

2. 필립스(Phillips)와 메트칼프(Metcalf) 팀이 1985년에 이와 비슷하지만 훨씬 덜 효율적인 트랩을 이미 설계한 바 있습니다.

3. www.youtube.com/watch?v=znyKn5-_ymE

4. 원자가 n 준위로 들뜨면 평균 직경은 n의 제곱에 비례하여 증가하고 수명은 n의 세제곱에 비례합니다. 하지만 원자는 교란에 더욱 민감해집니다.

5. 광학 핀셋의 레이저 빔이 원자를 비추면 원자가 극성을 띠게 되는데, 즉 전자 구름이 핵에서 약간 분리됩니다. 원자에 나타나는 이 쌍극자는 밝기의 극대점을 향해 당기는 힘을 받습니다. 레이저 주파수를 원자 주파수보다 약간 낮게 맞추면 이 힘이 원자를 레이저 세기가 최고점인 영역으로 끌어당깁니다. 따라서 레이저 빔을 집속시키면 초점에서 원자 트랩이 형성되며, 레이저만 움직이면 트랩을 이동시킬 수 있습니다. 이렇게 핀셋으로 원자를 조작하는 것 같기 때문에 이 기술을 '광학 핀셋'이라고 부릅니다.

6. 쌍극자는 전자 파동 함수의 무게중심이 핵의 무게중심과 더 이상 일치하지 않는 원자의 변형을 의미합니다. 따라서 한쪽에는 음전하, 다른 한쪽에는 양전하가 있습니다. 이 쌍극자의 세기는 양자 준위 n의 제곱에 비례합니다. 따라서 100 준위의 리드버그 원자는 1 준위 원자보다 10,000배 큰 전기 쌍극자를 갖습니다.

7. 두 원자 사이의 이 상호작용은 반데르발스(van der Waals) 힘입니다. 이는 리드버그 원자를 구성하는 두 쌍극자 사이의 상호 전기력에 의한 것이며, 해당 상호작용 포텐셜은 $1/r^6$(r은 원자 간 거리)에 비례하여 감소합니다.

8. 상황이 그렇게 단순하지는 않습니다. 시뮬레이션을 위한 중성 원자와 프로그래밍을 위한 이온 또는 초전도체가 따로 있는 것이 아닙니다. 최근에는 리드버그 원자 전문가들도 프로그래밍을 시작했고, 이온이나 초전도 큐비트 물리학자들도 다음 장에서 볼 수 있듯이 시뮬레이션을 시작하고 있습니다.

14 게임이 아닌 진짜 시뮬레이터

1. 포도당의 화학식은 $C_6H_{12}O_6$이며, 276개의 입자(전자, 중성자, 양성자)로 구성되어 있으므로 2^{276}개의 상태, 즉 10^{83}개 정도를 연구해야 합니다. 이는 우주에 존재하는 총 입

자 수의 10배입니다.

2. 고체 물리학자들은 '카고메(Kagome)'라고 불리는 데이비드 별 모양의 격자를 갖는 실제 자석에 대해 많은 연구를 수행했습니다. 측정 결과는 앤더슨(Anderson)이 예측한 양자 상태의 출현을 시사하지만, 논쟁의 여지는 남아 있습니다.

3. 특히 보드게임 아발론(Abalone)이 떠오릅니다.

4. 이징(Ising) 모델은 자석을 시뮬레이션하는 데 사용되지만, 매핑(mapping)을 통해 다른 많은 상황도 시뮬레이션할 수 있습니다. 이는 물리학자들의 작은 트릭으로, 2개의 서로 다른 모델이 동등함을 증명한 후 한 모델을 이용해 다른 모델을 이해하는 것입니다. 예를 들어 조던-위그너(Jordan-Wigner) 변환을 통해 자석의 스핀과 특정 고체에서 운동하는 전자 사이에 완벽한 대응관계, 즉 '매핑'을 얻을 수 있습니다.

15 얽힘, 새로운 경계

1. Wired 유튜브 채널에서 확인해 보세요. "Quantum Computing Expert Explains One Concept in 5 Levels of Difficulty"

2. 저의 이전 책 《다른 방식의 양자물리학(La Quantique autrement)》에서 얽힘에 대한 보다 자세하고 수학적인 설명, 특히 GHZ 실험에 대해 찾아볼 수 있습니다. 한 장 전체를 이 주제에 할애했습니다.

3. 실제 광자를 이용한 실험에서는 편광이 수직 또는 수평으로 나타납니다. 여기서 지느러미의 방향은 위 또는 아래로 방향을 가지는 스핀의 경우에 더 잘 부합합니다.

4. 실제 실험 설정에서 상관관계는 좀 더 미묘하며, 이를 증명하기 위해서는 여러 축에 따른 광자의 편광을 측정할 수 있어야 합니다. 구체적인 예는 양자 암호학을 다루는 다음 장에서 제공됩니다.

5. 얽힘이 결맞음 상실 혹은 결 어긋남(decoherence)에 취약한 이유가 대형 양자 컴퓨터를 설계하기 어려운 이유이기도 합니다.

6. 양자 알고리즘의 경우 한 입자의 2^N개 수준을 사용하거나 각각 2개 수준을 가진 N개의 얽힌 입자를 사용합니다. 두 번째 방법은 첫 번째 방법보다 $2^N/N$배 적은 상태를 요구하므로 N이 증가할수록 이득이 지수적으로 증가합니다.

7. 이런 종류의 설정에서는 물체가 충분히 얇거나, 부분적으로 구멍이 뚫려 있어 빛을 투

과시키거나, 아니면 빛을 반사시키는 모드로 작업할 수 있습니다.

8. 기저 상태에서도 물질은 완전히 얼어붙지 않고 계속 진동합니다. 하이젠베르크의 불확정성 원리에 따르면 원자가 완벽하게 정지하는 것은 불가능합니다.

9. 얽힘을 보여주려면 막의 위치와 운동량을 동시에 측정해야 합니다. 하이젠베르크의 불확정성 원리는 이 둘을 특정 임계값 이상의 정밀도로 결정할 수 없다고 말합니다. 연구자들은 각 막에 대한 각각의 측정이 이 원리를 위반할 수 있음을 보여주었습니다. 그러나 두 막을 하나의 얽힌 실체로 간주하면 원리는 잘 지켜집니다. 다시 말해 두 막의 위치와 속도는 각각 따로 측정했을 때보다 더 정밀하게 결정됩니다.

16 양자 인터넷

1. 1837년 3월 16일 자 파리 판 '법정 공보 부록(Supplément à la Gazette des tribunaux)'에서 발췌.

2. www.youtube.com/watch?v=OeZ_63iKPho에서 다비드 루아프(David Louapre)와 알랭 아스페(Alain Aspect)가 나눈 인터뷰를 볼 수 있습니다.

3. 이 비유에서 삼각형과 타원은 각각 0°, 90°, 45°, -45°의 편광에 해당합니다. 필터는 광자 검출기이며, 그 방향에 따라 0°와 90°, 또는 45°와 -45°의 광자를 잘 검출할 수 있습니다.

4. 2017년 10월 TedX 비엔나.

5. 실제로 동기화하기 위해 시계들은 함께 얽힌 집단적 상태를 만듭니다. 그런 다음 각 시계는 자신의 원자를 이 상태와 결합하고 측정한 주파수를 전송합니다. 중앙 시계는 여러 시계들과의 평균 위상차를 계산하고, 모든 시계가 같은 위상을 갖도록 주파수를 어떻게 수정해야 하는지 유추할 수 있습니다.

6. 중계기는 '벨(Bell) 측정'을 수행합니다. 이는 밥과 앨리스의 두 큐비트, 즉 두 광자에 대한 동시 측정으로, 이 두 큐비트의 벨 상태를 결정합니다. 이 상태는 얽혀 있으며 양자 기저로 사용됩니다. 이러한 측정을 수행함으로써 밥과 앨리스에게 남은 광자의 상태가 얽히고 교환됩니다. 실제로는 CNOT와 같은 양자 게이트, 그다음 하다마드(Hadamard) 게이트를 사용하여 이 측정을 수행합니다(8장 참조).

7. 직면한 문제 중 하나는 두 광자가 정확히 같은 순간에 중계기에 도착해야 한다는 것입

니다. 그렇지 않으면 첫 번째 광자를 메모리에 저장하고 두 번째 광자를 기다려야 합니다. 또한 가능하다면 출발점과 도착점에서 광자를 원자나 이온 같은 다른 종류의 큐비트와 결합해야 합니다.

8. 다이아몬드는 탄소 원자로 이루어져 있으며, 일부 탄소 원자의 핵은 스핀 메모리 역할을 할 수 있습니다. NV⁻ 센터 전자의 스핀을 작은 라디오파를 이용해 인접한 탄소 핵의 스핀으로 전달하기만 하면 됩니다. 이 핵 스핀은 그 후 수 밀리초 동안 유지되며, 완벽한 양자 메모리가 됩니다.

에필로그: 주요 질문들

1. 예를 들어 프랑스 고등교육연구혁신부(le ministère de l'Enseignement supérieur, de la Recherche et de l'Innovation)는 2022년에 '석좌 주니어 교수(Chaires de Professeur Junior)'라는 새로운 지위를 만들었는데, 이 제도에서 연구자들은 3~6년 채용되며, 이 기간 동안의 성과에 따라 정년 보장을 받을 수 있습니다.
2. 2021년 3월 "Decode Quantum" 팟캐스트에서의 그의 인터뷰를 참고하세요.
3. 최근 발표에 따르면, Google은 2029년까지 100만 큐비트를, PsiQuantum은 2025년 이전에 100만 큐비트를 목표로 하고 있습니다. IBM은 자사의 로드맵에서 2026년까지 10,000에서 100,000 큐비트를 목표로 한다고 발표했습니다. (역자주: 물론 이는 논리적 큐비트가 아닌 물리적 큐비트입니다.)
4. 이러한 '양자에서 영감을 받은' 접근법 중에는 솔루션을 더 잘 탐색하기 위해 양자 터널링 효과를 시뮬레이션하는 최적화 연구의 예가 있습니다.

참고문헌

(인용된 모든 노벨상 수상 연설문은 www.nobelprize.org에서 확인할 수 있습니다.)

일반 참고자료

DOWLING, Jonathan P., *Schrödinger's Killer App*, CRC Press, 2017.

EZRATTY, Olivier, 《Comprendre l'informatique quantique》, 2020, consultable ici: www.oezratty.net

HAROCHE, Serge, *La Lumière révélée*, Odile Jacob, 2020.

KAISER, Robin, LEDUC, Michèle, et PERRIN, Hélène, *Atomes, ions, molécules ultrafroids et technologies quantiques*, EDP Sciences, 2020.

LE BELLAC, Michel, *Introduction à l'informatique quantique*, Belin, 2005.

Le podcast 《Decode Quantum》 animé par Fanny Bouton, Olivier Ezratty et Richard Menneveux.

MERMIN, David, *Calculs et algorithmes quantiques*, Belin, 2010.

Rapport de l'Académie des sciences américaine sur les ordinateurs quantiques: 《Quantum computing: progress and prospects》, National Academies of Sciences, Engineering, and Medicine, *National Academies Press*, 2019.

1 원자를 보다

NEUHAUSER, W., HOHENSTATT, M., TOSCHEK, P., et DEHMELT, H., 《Optical-Sideband Cooling of Visible Atom Cloud Confined in Parabolic Well》, *Physical Review Letters*, 41 (4), 1978, p. 233.

NEUHAUSER, W., HOHENSTATT, M., TOSCHEK, P., et DEHMELT, H., 《Localized Visible Ba+ Mono-Ion Oscillator》, *Physical Review A*, 22 (3), 1980, p. 1137.

PAUL, Wolfgang, et DEHMELT, Hans, Discours du Prix Nobel, 1989.

WINELAND, D. J., DRULLINGER, R. E., et WALLS, F. L., 《Radiation-Pressure Cooling of Bound Resonant Absorbers》, *Physical Review Letters*, 40 (25), 1978, p. 1639.

WINELAND, David, Discours du Prix Nobel, 2012.

2 지금 몇 시죠?

BOTHWELL, T., KENNEDY, C. J., AEPPLI, A., KEDAR, D., ROBINSON, J. M., OELKER, E., et YE, J., 《Resolving the Gravitational Redshift Within a Millimeter Atomic Sample》, *arXiv preprint arXiv*, 2109.12238, 2021, à paraître dans *Nature*, 2022.

CHOU, C. W., HUME, D. B., ROSENBAND, T., et WINELAND, D. J., 《Optical Clocks and Relativity》, *Science*, 329 (5999), 2010, pp. 1630-1633.

CLAIRON, A., SALOMON, C., GUELLATI, S., et PHILLIPS, W. D., 《Ramsey Resonance in a Zacharias Fountain》, *EPL. Europhysics Letter*, 16 (2), 1991, p. 165.

DIDDAMS, S. A., UDEM, T., BERGQUIST, J. C., CURTIS, E. A., DRULLINGER, R. E., HOLLBERG, L., et WINELAND, D. J., 《An Optical Clock Based on a Single Trapped 199Hg+ Ion》, *Science*, 293 (5531), 2001, pp. 825-828.

HALL, John L., HÄNSCH, Theodor W., Discours du Prix Nobel, 2005.

KASEVICH, M. A., RIIS, E., CHU, S., et DEVOE, R. G., 《RF Spectroscopy in an Atomic Fountain》 *Physical Review Letters*, 63 (6), 1989, p. 612.

SALOMON, Christophe, 《La mesure du Temps au XXIe siècle》, dans *Ondes, matière et Univers*, EDP Sciences, 2018.

《Mise en pratique de la définition de la seconde》 sur le site web du BIPM: www.bipm.org/fr/publications/mises-en-pratique

3 에트나 화산 꼭대기의 원자

BATTELIER, B., BERGÉ, J., BERTOLDI, A., BLANCHET, L., BONGS, K., BOUYER, P., et ZELAN, M., 《Exploring the Foundations of the Physical Universe with Space Tests of the Equivalence Principle》, *Experimental Astronomy*, 51 (3), 2021, pp. 1695-

1736.

BORDÉ, C. J., 《Atomic Interferometry with Internal State Labelling》, *Physics Letters A*, 140 (1-2), 1989, pp. 10-12.

CARBONE, D., ANTONI-MICOLLIER, L., HAMMOND, G., ZEEUW-VAN DALFSEN, D., RIVALTA, E., BONADONNA, C. et VERMEULEN, 《The NEWTON-g Gravity Imager: Toward New Paradigms For Terrain Gravimetry》, *Frontiers in Earth Science*, 8, 2020, p. 452.

HACKING, Ian, *Concevoir et expérimenter*, Christian Bourgois, 1989 (ouvrage original publié en 1983 sous le titre *Representing and Intervening: Introductory Topics in the Philosophy of Natural Science*, Cambridge University Press).

KASEVICH, M., et CHU, S., 《Atomic Interferometry Using Stimulated Raman Transitions》, *Physical Review Letters*, 67 (2), 1991, p. 181.

MÉNORET, V., VERMEULEN, P., LE MOIGNE, N., BONVALOT, S., BOUYER, P., LANDRAGIN, A., et DESRUELLE, B., 《Gravity Measurements Below 10-9 g with a Transportable Absolute Quantum Gravimeter》, *Scientific Reports*, 8 (1), 2018, pp. 1-11.

RADDER, Hans (ed.), *The Philosophy of Scientific Experimentation*, University of Pittsburgh Press, 2003.

STRAY, B. *et al.*, «Quantum Sensing for Gravity Cartography》, *Nature*, 602, 2022, p. 590.

4 다이아몬드는 영원하다

BALASUBRAMANIAN, G., CHAN, I. Y., KOLESOV, R., ALHMOUD, M., TISLER, J., SHIN, C. et WRACHTRUP, J., 《Nanoscale Imaging Magnetometry with Diamond Spins Under Ambient Conditions》, *Nature*, 455 (7213), 2008, pp. 648-651.

GRINOLDS, Michael Sean, *et al.*, 《Nanoscale Magnetic Imaging of a Single Electron Spin Under Ambient Conditions》, *Nature Physics*, 9.4, 2013, pp. 215-219.

GRUBER, A., DRÄBENSTEDT, A., TIETZ, C., FLEURY, L., WRACHTRUP, J., et VON BORCZYSKOWSKI, C., 《Scanning Confocal Optical Microscopy and Magnetic Resonance on Single Defect Centers》, *Science*, 276 (5321), 1997, pp. 2012-2014.

KUCSKO, Georg, *et al.*, 《Nanometre-Scale Thermometry in a Living Cell》, *Nature*, 500.7460, 2013, pp. 54-58.

MAMIN, H. J., *et al.*, 《Nanoscale Nuclear Magnetic Resonance with a Nitrogen-Vacancy Spin Sensor》, *Science*, 339.6119, 2013, pp. 557-560.

RUGAR, D., *et al.*, 《Proton Magnetic Resonance Imaging Using a Nitrogen – Vacancy Spin Sensor》, *Nature Nanotechnology* 10.2, 2015, pp. 120-124.

STAUDACHER, Tobias, *et al.*, 《Nuclear Magnetic Resonance Spectroscopy on a (5-nanometer) 3 Samples Volume》, *Science*, 339.6119, 2013, pp. 561-563.

TETIENNE, J. P., HINGANT, T., KIM, J. V., DIEZ, L. H., ADAM, J. P., GARCIA, K. et JACQUES, V., 《Nanoscale Imaging and Control of Domain-Wall Hopping with a Nitrogen-Vacancy Center Microscope》, *Science*, 344 (6190), 2014, pp. 1366-1369.

TETIENNE, Jean-Philippe, *et al.*, 《QuantumImaging of Current Flow in Graphene》, *Science Advances*, 3.4, 2017, e1602429.

5 양자 컴퓨터를 그려보세요

BENIOFF, Paul, 《The Computer As a Physical System: A Microscopic Quantum Mechanical Hamiltonian Model of Computers As Represented by Turing Machines》, *Journal of Statistical Physics*, 22.5, 1980, pp. 563-591.

DEUTSCH, David, 《Quantum Theory, the Church–Turing Principle and the Universal Quantum Computer》, *Proceedings of the Royal Society of London. A. Mathematical and Physical Sciences*, 400.1818, 1985, pp. 97-117.

FEYNMAN, Richard P., 《Simulating Physics with Computers》, *Feynman and Computation*, CRC Press, 2018, pp. 133-153.

MANIN, Yuri, 《Computable and Uncomputable, Moscow, Sovetskoye Radio》, 1980, traduit en partie dans http://www.numdam.org/item/SB_1998-1999__41__375_0.pdf

PRESKILL, John, 《Quantum Computing 40 Years Later》, *arXiv preprint arXiv*, 2106.10522, 2021.

RAIMOND, J. M., et HAROCHE, S., 《Quantum Computing: Dream or Nightmare》, *Phys. Today*, 49.8, 1996, pp. 51-52.

SHOR, Peter W., 《Algorithms for Quantum Computation: Discrete Logarithms and Factoring》, *Proceedings 35th annual symposium on foundations of computer science*, Ieee, 1994.

6   보편적인 기계

BRUZEWICZ, Colin D., *et al.*, 《Trapped-Ion Quantum Computing: Progress and Challenges》, *Applied Physics Reviews*, 6.2, 2019, p. 021314.

CIRAC, Juan I., et ZOLLER, Peter, 《Quantum Computations with Cold Trapped Ions》, *Physical Review Letters*, 74.20, 1995, p. 4091.

DIVINCENZO, David P., 《The Physical Implementation of Quantum Computation》, *Fortschritte der Physik: Progress of Physics*, 48.9-11, 2000, pp. 771-783.

MONROE, Chris, *et al.*, 《Demonstration of a Fundamental Quantum Logic Gate》, *Physical Review Letters*, 75.25, 1995, p. 4714.

7   양자 우월성

ARUTE, Frank, *et al.*, 《Quantum Supremacy Using a Programmable Superconducting Processor》, *Nature*, 574.7779, 2019, pp. 505-510.

DEVORET, Michel H., et SCHOELKOPF, Robert J., 《Superconducting Circuits for Quantum Information: an Outlook》, *Science*, 339.6124, 2013, pp. 1169-1174.

LEGGETT, Anthony J., 《Josephson Devices as Tests of Quantum Mechanics Towards the Everyday Level》, *Fundamentals and Frontiers of the Josephson Effect*, Springer, Cham, 2019, pp. 63-80.

MARTINIS, J. M., DEVORET, M. H., et CLARKE, J., 《Energy-Level Quantization in the Zero-Voltage State of a Current-Biased Josephson Junction》, *Physical Review Letters*, 55 (15), 1985, p. 1543.

WU, Yulin, *et al.*, 《Strong Quantum Computational Advantage Using a Superconducting Quantum Processor》, *Physical Review Letters*, 127.18, 2021, p. 180501.

8 양자 음악 악보

CHUANG, Isaac L., GERSHENFELD, Neil, et KUBINEC, Mark, 《Experimental Implementation of Fast Quantum Searching》, *Physical Review Letters*, 80.15, 1998, p. 3408.

DEUTSCH, D., et JOZSA, R., 《Rapid Solution of Problems by Quantum Computation》, *Proceedings of the Royal Society of London. Series A: Mathematical and Physical Sciences*, 439 (1907), 1992, pp. 553-558.

GROVER, L. K., 《Quantum Mechanics Helps in Searching for a Needle in a Haystack》, *Physical Review Letters*, 79 (2), 1997, p. 325.

La chaîne YouTube 《Qiskit》, qui offre des séries de cours et de tutoriels sur l'informatique quantique.

9 양자 스파이

HARROW, Aram W., HASSIDIM Avinatan, et LLOYD, Seth, 《Quantum Algorithm for Linear Systems of Equations》, *Physical Review Letters*, 103.15, 2009, p. 150502.

SHOR, Peter W., 《Algorithms for Quantum Computation: Discrete Logarithms and Factoring》, *Proceedings 35th Annual Symposium on Foundations of Computer Science*, IEEE, 1994.

VANDERSYPEN, Lieven M.K., *et al.*, 《Experimental Realization of Shor's Quantum Factoring Algorithm Using Nuclear Magnetic Resonance》, *Nature*, 414.6866, 2001, pp. 883-887.

《Post quantum cryptography》 sur le site du NIST: https://csrc.nist.gov/projects/post-quantum-cryptography/round-3-submissions

《The Story of Shor's Algorithm, Straight From the Source》 sur la chaîne YouTube Qiskit.

10 버그들

PERES, Asher, 《Reversible Logic and Quantum Computers》, *Physical Review A*, 32.6, 1985, p. 3266.

PRESKILL, John, 《Quantum Computing 40 Years Later》, *arXiv*, 2106.10522, 2021.

SHOR, Peter W., 《Fault-Tolerant Quantum Computation》, *Proceedings of 37th Conference on Foundations of Computer Science*, IEEE, 1996.

SHOR, Peter W., 《Scheme for Reducing Decoherence in Quantum Computer Memory》, *Physical Review A*, 52.4, 1995, R2493.

11 빛이 있으라!

GAO, Liang, *et al.*, 《Single-shot compressed ultrafast photography at one hundred billion frames per second》, *Nature*, 516.7529, 2014, pp. 74-77.

HONG, Chong-Ki, OU, Zhe-Yu, et MANDEL, Leonard, 《Measurement of Subpicosecond Time Intervals Between Two Photons by Interference》, *Physical Review Letters*, 59.18, 1987, p. 2044.

SOMASCHI, Niccolo, *et al.*, 《Near-Optimal Single-Photon Sources in the Solid State》, *Nature Photonics*, 10.5, 2016, pp. 340-345.

ZHONG, Han-Sen, *et al.*, 《Quantum Computational Advantage Using Photons》, *Science*, 370.6523, 2020, pp. 1460-1463.

12 아웃사이더들

KILBY, Jack S., Discours du Prix Nobel, 2000.

13 원자로 조각한 모나리자

BARREDO, Daniel, *et al.*, 《Synthetic Three-Dimensional Atomic Structures Assembled Atom by Atom》, *Nature*, 561.7721, 2018, pp. 79-82.

GAETAN, Alpha, *et al.*, 《Observation of Collective Excitation of Two Individual Atoms in the Rydberg Blockade Regime》, *Nature Physics*, 5.2, 2009, pp. 115-118.

HENRIET, Loïc, *et al.*, 《Quantum Computing with Neutral Atoms》, *Quantum*, 4, 2020, p. 327.

RAAB, Eric L., *et al.*, 《Trapping of Neutral Sodium Atoms with Radiation Pressure》, *Physical Review Letters*, 59.23, 1987, p. 2631.

SCHLOSSER, Nicolas, *et al.*, 《Sub-Poissonian Loading of Single Atoms in a Microscopic Dipole Trap》, *Nature*, 411.6841, 2001, pp. 1024-1027.

《Présentation nationale sur les technologies quantiques》 sur le site elysee.fr: https://www.elysee.fr/emmanuel-macron/2021/01/21/presentation-de-la-strategie-nationale-sur-les-technologiesquantiques

14 게임이 아닌 진짜 시뮬레이터

REIHER, Markus, *et al.*, 《Elucidating Reaction Mechanisms on Quantum Computers》, *Proceedings of the National Academy of Sciences*, 114.29, 2017, pp. 7555-7560.

SCHOLL, Pascal, *et al.*, 《Quantum Simulation of 2D Antiferromagnets with Hundreds of Rydberg Atoms》, *Nature*, 595.7866, 2021, pp. 233-238.

SEMEGHINI, Giulia, *et al.*, 《Probing Topological Spin Liquids on a Programmable Quantum Simulator》, *Science*, 374.6572, 2021, pp. 1242-1247.

15 얽힘, 새로운 경계

ALTMANN, Yoann, *et al.*, 《Quantum-Inspired Computational Imaging》, *Science*, 361.6403, 2018, eaat2298.

ASPECT, Alain, DALIBARD, Jean, et ROGER, Gérard, 《Experimental Test of Bell's Inequalities Using Time-Varying Analyzers》, *Physical Review Letters*, 49.25, 1982, p. 1804.

ASPECT, Alain, GRANGIER, Philippe, et ROGER, Gérard, 《Experimental Tests of Realistic Local Theories via Bell's Theorem》, *Physical Review Letters*, 47.7, 1981, p. 460.

JOST, John D., *et al.*, 《Entangled Mechanical Oscillators》, *Nature*, 459.7247, 2009, pp. 683-685.

JULSGAARD, Brian, KOZHEKIN, Alexander, et POLZIK, Eugene S., 《Experimental Long-Lived Entanglement of Two Macroscopic Objects》, *Nature*, 413.6854, 2001, pp. 400-403.

KOTLER, Shlomi, *et al.*, 《Direct Observation of Deterministic Macroscopic Entanglement》, *Science*, 372.6542, 2021, pp. 622-625.

MERCIER DE LÉPINAY, Laure, *et al.*, 《Quantum Mechanics-Free Subsystem With Mechanical Oscillators》, *Science*, 372.6542, 2021, pp. 625-629.

Sur le site de l'ANSSI: https://www.ssi.gouv.fr/en/publication/should-quantum-key-distribution-be-used-for-securecommunications/

16 양자 인터넷

BENNETT, C. H. et BRASSARD, G., 《Quantum Cryptography: Public Key Distribution and Coin Tossing. in Proc.》, IEEE *International Conference on Computers, Systems and Signal Processing*, IEEE Press, 1984, pp. 175-179.

BENNETT, Charles H., *et al.*, 《Teleporting an Unknown Quantum State Via Dual Classical and Einstein-Podolsky-Rosen Channels》, *Physical Review Letters*, 70.13, 1993, p. 1895.

BOUWMEESTER, Dik, *et al.*, 《Experimental Quantum Teleportation》, *Nature*, 390.6660, 1997, pp. 575-579.

CHEN, Yu-Ao, *et al.*, 《An Integrated Space-To-Ground Quantum Communication Network Over 4,600 Kilometres》, *Nature*, 589.7841, 2021, pp. 214-219.

GOTTESMAN, Daniel, JENNEWEIN, Thomas, et CROKE, Sarah, 《Longer-Baseline Telescopes Using Quantum Repeaters》, *Physical Review Letters*, 109.7, 2012, p. 070503.

KHABIBOULLINE, Emil T., *et al.*, 《Quantum-Assisted Telescope Arrays》, *Physical Review A*, 100.2, 2019, p. 022316.

KOMAR, Peter, *et al.*, 《A Quantum Network of Clocks》 *Nature Physics*, 10.8, 2014, pp. 582-587.

POMPILI, Matteo, *et al.*, 《Realization of a Multinode Quantum Network of Remote Solid-State Qubits》, *Science*, 372.6539, 2021, pp. 259-264.

찾아보기

ㄱ

간섭계 40, 44
걸빈, 스티븐(Steven Girvin) 150, 209
검출기 164
게이트 오류 144
결 어긋남 146, 147, 158, 217, 223, 246
결맞음 손실 104
결맞음 시간 102, 147
고디스만, 다니엘(Daniel Gottesman) 239
공간상 광 변조기(SLM) 186, 189
공명 피크 68
공중 전신 228
공초점 현미경 59
관성 항법 48
광열 치료 66
광자 17
광자 기반 양자 컴퓨터 165
광자 쌍 237
광자 컴퓨터 160
광자 편광 229
광집게 188
광학 간섭계 43
광학 시계 32, 33, 35
그라이너, 마커스(Markus Greiner) 203
그랑지에, 필리프(Philippe Grangier) 188, 251
그래핀 65

그로버, 로브(Lov Grover) 126
그로버 알고리즘 126, 128

ㄴ

나노다이아몬드 60, 65
냉각 18
논리적 큐비트 152

ㄷ

다이아몬드 55
다이아몬드 자기광학 현미경 60
다이아몬드 혁명 69
다이아몬드 현미경 60, 64
단일 큐비트 게이트 121
달리바르, 장(Jean Dalibard) 185
대규모 데이터베이스 정렬 251
대규모 양자 계획 248
대체 암호 138
대형 분자 시뮬레이션 251
데멜트, 한스(Hans Dehmelt) 11
데보레, 미셸(Michel Devoert) 256
도이치, 데이비드(David Deutsch) 76, 124
도이치-조자 알고리즘 127
도플러 냉각 17, 19
도플러 효과 17, 18, 20, 183
등가 원리 49
디버깅 142, 151

디빈첸조, 데이비드(David DiVincenzo) 90, 171

ㄹ
라흐트루프, 요르그(Jörg Wrachtrup) 57
레깃, 토니(Tony Leggett) 98, 101
레이저 광선 20
레이저 출력 문제 193
레이저 펄스 44, 46, 193, 223
로슈, 장-프랑수아(Jean-François Roch) 59
로스, 다니엘(Daniel Los) 171
로시, 멜리사(Mélissa Rossi) 137
루비듐 시계 34
루킨, 미하일(Mikhail Lukin) 199
리드버그, 요하네스(Johannes Rydberg) 186
리드버그 봉쇄 190, 191
리드버그 상태 191, 193
리드버그 원자 182, 186, 202

ㅁ
마닌, 유리(Yuri Manin) 75, 129
마이크로파 여기법 223
먼로, 크리스토퍼(Christopher Monroe) 79, 85
무어의 법칙 173
물리 시뮬레이션 195
물리적 큐비트 152
미시우스(Micius) 215

ㅂ
바릴, 라디아(Lydia Baril) 123

버그 142
베너, 스테파니(Stephanie Wehner) 237
베넷, 찰스(Charles Bennett) 232
베니오프, 폴(Paul Benioff) 75
벨, 존(John Bell) 214
보강 간섭 118
보어, 닐스(Niels Bohr) 70
보편성 24
복제 불가능성 정리 143
분수 시계 28, 34
브라사, 질(Gilles Brassard) 232
브로와예, 앙투안(Antoine Browaeys) 182, 186, 191, 199, 254
블로흐, 임마누엘(Immanuel Bloch) 203
블로흐 구 119, 121, 144
비네, 모드(Maud Vinet) 173, 252
비밀 코드 해독 251
비트 78
비트 반전 146
비트 오류 144

ㅅ
사이버 공격 227, 228
살로몽, 크리스토프(Christophe Salomon) 27
삼각 측량법 33
상쇄 간섭 118
상태 중첩 104
세메기니, 줄리아(Giulia Semeghini) 201
세슘 시계 27, 31, 32, 34
세이건, 칼(Carl Sagan) 25
소인수분해 알고리즘 149
쇼어, 피터(Peter Shor) 77, 132

쇼어 알고리즘 136
수소 시계 34
수직 편광 158
수평 편광 158
순간이동 240, 246
슈뢰딩거, 에르빈(Erwin Schrödinger) 70
슈뢰딩거 방정식 9, 75, 197, 246
슈뢰딩거의 고양이 70, 78, 101, 169, 202
스핀 59, 62, 201
시간 측정 24
시간 팽창 35
시뮬레이션 194
시뮬레이터 196
시카모어 108, 112
신뢰도 147
실리콘 큐비트 167, 171, 173
싸이퀀텀(PsiQuantum) 7, 161, 251
쌍극자 190

ㅇ

아로슈, 세르주(Serge Haroche) 72
아론슨, 스코트(Scott Aaronson) 119
아스트론(Astron) 23
아스페, 알랭(Alain Aspect) 181, 188, 214, 221, 229, 250
암 치료법 66, 74
암호 해독 131
암호화 235
암호화 코드 134
앤더슨, 필립(Philip Anderson) 201
양극성 190
양자 간섭계 42
양자 게이트 120

양자 거울 112
양자 계획 8
양자 고체의 역습 70
양자 광학 96
양자 광학 시계 35
양자 교차로 159
양자 기술 15, 21
양자 기술 대중화 71
양자 기체 현미경 203
양자 논리 게이트 121
양자 도약 15
양자 레이더 220
양자 마이크로프로세서 237
양자 물리학 8, 75
양자 반복기 240
양자 법칙 42, 75, 76
양자 비트 78
양자 순간이동 241
양자 스파이 131
양자 시뮬레이션 182
양자 시뮬레이터 196, 201, 235
양자 실험 34
양자 알고리즘 7, 77, 116, 131, 246
양자 알고리즘 동물원 128
양자 암호 221, 241
양자 암호화 229, 231, 235, 244, 255
양자 얽힘 9, 213
양자 오류 146
양자 우월성 71
양자 우위 112
양자 운동 센서 48
양자 월드와이드웹 237
양자 웹 238

양자 음악 115
양자 음악 악보 115
양자 음향학 225
양자 인터넷 70, 82, 227, 237, 242, 243
양자 점 163, 169
양자 점 컴퓨터 172, 175
양자 점프 116
양자 정보학 83, 126
양자 중첩 81
양자 컴퓨터 7, 70, 71
양자 컴퓨터 프로그램 77
양자 클라우드 243
양자 통신 243
양자 파동 81, 99
양자 파동 함수 80
양자 푸리에 변환 133-135
양자 해킹 234
양자 혁명 8, 22
양자 현상 10, 99, 182
양자광학 164
양자물리학 40, 69
양자역학 7, 49, 53, 115
양자역학 대중화 작업 258
양자역학 법칙 198
양자장론 49
양자적 특성 106
양자적 파동 118
양자혁명 34, 245
양자화 15
얽힌 광자 211, 248, 256
얽힌 광자 쌍 218, 229, 239-241
얽힌 큐비트 방식 217
얽힘 9, 210, 241, 243

얽힘 상태 191, 217, 250
얽힘 유도 방법 223
얽힘 현상 221, 222
에너지 준위 15, 196
오라클 124, 127
오류 143-152, 154, 155
오류 내성 151
오류 수정 151, 246
오류 수정 코드 150, 151, 154, 155
와인랜드, 데이비드(David Wineland) 12
와인탈, 자비에(Xavier Waintal) 136
운동 센서 43
원자 12
원자 간섭계 43-46, 49, 51, 53
원자 결함 58
원자 시각화 19
원자 시계 26, 30, 31
원자 포획 12, 19
원자 형광화 20
원자물리학 11, 52
위상 반전 146
위상 변화 43
위상 오류 144
위상 큐비트 167, 178, 180, 253
이온 13
이온 기반 양자 컴퓨터 93
이온 컴퓨터 93, 94
이온 트랩 79, 193
이온 트랩 물리학 96
이온 형광화 20
이진법 언어 78
이징 모델 204, 205
인공 다이아몬드 56

일반 상대성 이론 34, 49
일반 푸리에 변환 135

ㅈ

자기공명영상(MRI) 67, 170
자기적 큐비트 170
자석 시뮬레이션 199
자석 시뮬레이터 205
자연 시뮬레이션 181
자연적인 양자 법칙 196
자유낙하 40, 50
자유도 195
전기장 14
전자 스핀 62, 170
전자기파 25
전조 현상 51
정밀도 34
제2의 양자혁명 180, 221
제2차 양자혁명 53, 110
조셉슨, 브라이언(Brian Josephson) 99
조셉슨 접합 101, 102, 106
조셉슨 효과 100, 101
조자, 리처드(Richard Jozsa) 124
주파수 빗 32
중력 36, 43, 46
중력파 40
중성 원자 32, 181, 248
중성 원자 기반 양자 컴퓨터 192
중성 원자 컴퓨터 193, 194
중첩 상태 191, 211
지구 중력 포텐셜 36
지구물리학 34
지오이드(Geoid) 36

질소공동 센터 57
질소-빈공간 쌍 58
쩔쩔맴 상태 201
쩔쩔맴 스핀 201

ㅊ

천연 다이아몬드 56
초거대 망원경 238
초전도 양자 간섭장치 101
초전도 양자 컴퓨터 105
초전도 큐비트 103, 107, 248, 250
초전도체 193
초전도체 마이크로프로세서 이글(Eagle) 113
초전도체 와이어 164
추, 스티븐(Steven Chu) 184
충실도 147

ㅋ

컬러 센터 70
컴퓨터 양자 프로그래밍 115
컴퓨터의 양자 특성 95
코벤호벤, 레오(Leo Kouwenhoven) 179
코틀러, 셜로미(Shlomi Kotler) 225
쿠퍼 쌍 99
쿠퍼 쌍 상자 103
쿨롱 봉쇄 현상 169
쿨롱 상호작용 91
퀴츠 시계 23
큐비트 78
클라우드 82
클라크, 존(John Clarke) 102
클레망, 다비드(David Clément) 203

클린룸 163, 174
킬비, 잭(Jack Kilby) 167

ㅌ

탄소 고정 205
터널 효과 100
터할, 바바라(Barbara Terhal) 151
테스트 모형 256
토셰크, 페터(Peter Toschek) 11, 89
통신 해킹 사건 228
통일 이론 50
트랜스몬 106
트랜지스터 169
트로이어, 마티어스(Matthias Troyer) 206
특수 상대성 이론 40

ㅍ

파동 42
파동 함수 42
파동의 양자성 82
파리시, 조르조(Giorgio Parisi) 204
파스칼(Pasqal) 182
파울, 볼프강(Wolfgang Paul) 11
파울 트랩 13, 20, 22
파인만, 리처드(Richard Feynman) 76, 197
편광 158
편광 상태 211, 230
폴, 로버트(Robert Pohl) 70
표준 큐비트 오류 154
푸리에 변환 131
푸리에 변환 사용법 133
푸리에 변환 알고리즘 132
프레스킬, 존(John Preskill) 8, 82, 126

프리처드, 데이비드(David Pritchard) 183
플럭스 큐비트 104
피코초 33

ㅎ

하다마드 게이트 120
합성 다이아몬드 56
해킹, 이언(Ian Hacking) 52
핵자기공명 67, 170
헨쉬, 테어도어(Theodor Hänsch) 32
협정 세계시 27, 28, 31, 34, 36
형광 19
홀, 존(John Hall) 32
홀, 트레이시(Tracy Hall) 56
희석 냉동기 104

기타

ANSSI 138
BB84 프로토콜 234
BBO 222
FOMO 111
GPS 33, 47
HHL 알고리즘 138
LIGO 41
MRI 67
NIST 138
NV^- 센터 57-59, 61, 242, 255
RSA 2048 135, 136
SPDC 222
SUHD 170